新媒體廣告

張玲 編著

崧燁文化

新媒體廣告
目錄

目錄

內容簡介

序

前言

第一章 新媒體廣告概說

第一節 新媒體廣告的概念 ... 17
一、新媒體的界定 ... 18
二、新媒體廣告的概念 ... 21

第二節 新媒體廣告的特點和分類 ... 23
一、新媒體廣告的特點 ... 24
二、新媒體廣告的分類 ... 27

第三節 新媒體廣告發展概覽 ... 29
一、網路媒體廣告的發展概況 ... 29
二、手機媒體廣告發展概況 ... 38

第二章 新媒體廣告平台

第一節 新媒體廣告平台概述 ... 44
一、「平台」的內涵 ... 44
二、新媒體廣告平台的概念 ... 45
三、新媒體廣告平台的分類及其特點 ... 47

第二節 網路廣告媒體平台 ... 54
一、入口網站 ... 55
二、搜尋引擎 ... 58
三、電子商務平台 ... 61
四、網路影片平台 ... 64

第三節 手機廣告媒體平台 ... 68

一、手機 APP 68

　　二、行動增值服務——手機報 76

第三章 新媒體廣告的表現形態

第一節 網路媒體的廣告表現 86

　　一、圖形展示廣告 87

　　二、影片展示廣告 94

　　三、內容服務廣告 96

　　四、置入式行銷 100

　　五、直接廣告 104

第二節 手機媒體的廣告表現 105

　　一、展示類廣告 106

　　二、手機直接廣告 110

　　三、互動類廣告 111

　　四、內容服務廣告 114

　　五、手機置入廣告 114

第三節 電視新媒體的廣告表現 115

　　一、開機畫面廣告 115

　　二、選單式廣告 115

　　三、選單廣告 116

　　四、分類廣告 116

　　五、互動性廣告 117

　　六、VOD 影片點播廣告 117

第四章 新媒體廣告策劃與運作

第一節 新媒體廣告策劃 124

　　一、新媒體廣告策劃的原則 124

　　二、新媒體廣告策劃的內容 127

　　三、新媒體廣告策劃的流程 129

第二節 新媒體廣告創意 ... 133
　一、新媒體廣告創意的特點 ... 134
　二、新媒體廣告創意的相關變遷 ... 137
　三、新媒體廣告的創意方法 ... 139

第三節 新媒體廣告預算 ... 146
　一、新媒體廣告預算的意義 ... 146
　二、新媒體廣告預算的特點 ... 147
　三、新媒體廣告的預算方法 ... 148
　四、新媒體廣告的計費方式 ... 149

第四節 新媒體廣告效果評估 ... 152
　一、新媒體廣告效果評估的特點 ... 153
　二、新媒體廣告效果評估的內容 ... 154
　三、新媒體廣告效果評估指標 ... 154

第五章 新媒體廣告的市場主體

第一節 新媒體廣告的廣告主 ... 160
　一、新媒體廣告主的界定 ... 161
　二、新媒體廣告主的特點 ... 161
　三、廣告主的觀念變化 ... 164
　四、廣告主的行為變化 ... 166
　五、廣告主的困境 ... 167

第二節 新媒體廣告代理公司 ... 168
　一、廣告代理公司的發展歷程 ... 169
　二、新媒體廣告代理公司的產生與發展 ... 173
　三、新媒體廣告代理公司的類型 ... 176
　四、新媒體廣告代理公司的發展趨勢 ... 179
　五、傳統廣告代理公司的困境 ... 181

第三節 新媒體廣告的媒介組織 ... 185

一、媒介組織的概念 185
二、新媒體環境下媒介組織的特點 187
三、新媒體媒介組織的典型形態 192

第六章 新媒體廣告的市場客體（廣告閱聽人）

第一節 新媒體廣告閱聽人概述 199
一、閱聽人概念的演變 199
二、廣告閱聽人的概念界定 204
三、新媒體廣告閱聽人 206

第二節 新媒體廣告閱聽人的特點 207
一、總體特徵 207
二、結構特點 211
三、行為特點 215

第三節 新媒體廣告閱聽人的消費行為 218
一、消費者的類型劃分 218
二、新媒體環境下廣告閱聽人的消費行為特點 220
三、新媒體環境下消費者的行為模式 222
四、影響消費者行為的因素 224

第四節 新媒體廣告閱聽人策略 227
一、廣告內容生產過程中的閱聽人策略 227
二、廣告資訊傳播過程中的閱聽人策略 230

第七章 新媒體廣告的市場運行

第一節 新媒體廣告市場概述 238
一、新媒體廣告產業鏈概況 238
二、新媒體廣告市場運行的特點 242

第二節 網路廣告的市場運行模式 243
一、「策略導向型」傳統廣告代理模式 244
二、「媒體導向型」的廣告聯盟代理模式 250

三、「閱聽人與技術導向型」的 RTB 模式……………………256
　第三節 手機廣告的市場運行模式……………………………………262
　　一、手機廣告的產業鏈角色……………………………………263
　　二、手機廣告市場的現狀及制約因素…………………………266

後記

新媒體廣告
目錄

內容簡介

　　本書對新媒體廣告市場中的廣告主、媒體平台、廣告代理公司、廣告閱聽人等市場要素的具體形態、特點以及相對於傳統媒體的變化進行了梳理和深入分析；同時以網路廣告和手機廣告為代表，歸納出典型的廣告形態，以及隱藏其中的產業鏈結構變化、廣告運行模式變化等。本書還對新媒體廣告的策劃、創意、投放、效果評估、廣告管理等環節進行了系統性闡發，適合新聞傳播、廣告、行銷等專業，亦可作為從事新媒體工作或對新媒體廣告感興趣人士的重要參考書。

新媒體廣告
序

序

　　媒體技術的發展將我們帶到了一個眾語喧譁、瞬息萬變的新媒體時代。在這裡，人們都在放聲疾呼，也都被這個由媒體構建的全新世界所迷醉。然而，伴隨著新媒體時代的到來，思想觀念、生活方式乃至行為舉措的急遽改變，也常常讓人們有些不知所措和無所適從。新媒體到底是什麼？新媒體時代到來又意味著什麼？人們如何正確處理好與新媒體的關係？這些問題看似簡單，卻又真真切切地擺在人們面前，需要我們去面對、去解決。因此，理解新媒體在當下顯得尤為重要。

　　人類社會發展的每一階段都會有一些新型的媒體出現，它們都會給人們的社會生活帶來巨大的改變。這種改變在今天這個新媒體時代表現得尤其明顯：閱聽人這一角色轉變成了「網友」或「使用者」，成了傳播的主動參與者，而非此前的被動資訊接受者；傳播過程不再是單向的，而是雙向互動的；傳播模式的核心在於數位化和互動性。這一系列改變的背後是網路技術、數位技術和行動通訊技術的發展，並由此衍生出多種新媒體形態——以網路媒體、互動性電視媒體、行動媒體為代表的新興媒體和以電視牆、車上型電視等為代表的戶外新型媒體。

　　從技術層面上看，新媒體是用網路技術、數位技術和行動通訊技術搭建起來，進行資訊傳遞與接收的資訊交流平台，包括固定終端與行動終端。它具備以新技術為載體、以互動性為核心、以平台化為特色、以人性化為導向等基本特徵。從傳播層面看，新媒體從四個方面改變著傳統媒體固有的傳播定位與流程，即傳播參與者由過去的閱聽人成了網友，傳播內容由過去的組織生產成了使用者生產，傳播過程由過去的一對多傳播成了病毒式擴散傳播，傳播效果由過去能預期目標成了無法預估的未知數。這種改變從某種程度上可以說是顛覆性的，傳統的「5W」、「魔彈理論」和「閱聽人」等經典理論已經成為明日黃花。從運營層面看，在新媒體技術構築的運營平台之上，進行各類新媒體的經營活動，包括網路媒體經營、手機媒體經營、數位電視與戶外新媒體經營和企業的新媒體行銷。這就在很大程度上打破了報刊、廣

新媒體廣告
序

播和電視等傳統媒體過分倚重廣告的單一經營模式，實現了盈利模式的多元化。從管理層面看，新媒體管理主要從三個方面著手，即新媒體的政府規制、新媒體倫理和新媒體使用者的媒體素養。這樣，政府規制對新媒體形成一種外在規範，新媒體倫理從內在方面對從業者形成約束，而媒體素養則對新媒體使用者提出要求。

是為序。

羅以澄

前言

　　關於新媒體，從概念到特徵，有很多說法，也有各種各樣的表述。我們認為，新媒體是指採用網路技術、數位技術和行動通訊技術進行資訊傳遞與接收的資訊交流平台，包括固定終端與行動終端。它具備以下基本特徵——以新技術為載體，以互動性為核心，以平台化為特色，以人性化為導向。

　　以新技術為載體，是指新媒體的應用與運營以新技術為基礎。網路技術、數位技術、行動通訊技術的發明與普及，不僅為新媒體的誕生提供了技術支持，同時也為新媒體的運作提供了資訊載體，使得資訊能以超時空、多媒體、高保真的形式傳播出去。可以說，新媒體的所有特徵，都是建立在新技術提供的技術可能性的基礎之上。

　　雙向互動是新媒體的本質特徵。傳統媒體一個很大的弊端在於資訊的單向流動，而新媒體的出現突破了這一侷限。它從根本上改變了資訊傳播的模式，也從根本上改變了傳播者與受傳者之間的關係。傳播參與者在一個相對平等的地位進行資訊交流，媒體以往的告知功能變成如今的溝通功能。這種溝通不僅體現在媒體與使用者之間，還體現在使用者與使用者之間。可以說，新媒體的這一特徵，不僅對傳統媒體，而且對整個社會都將產生深遠的影響。

　　新媒體搭建起一個綜合性資訊平台，傳統媒體與新媒體在這個平台之上逐漸走向融合。新媒體的出現並不會導致傳統媒體的消亡，二者會相互補充、共同發展。而新媒體以其包容性的技術優勢，接納與匯聚了傳統媒體的媒體屬性。報刊、廣播、電視等傳統媒體只有在適應新媒體環境、與新媒體的新技術形式相互滲透之後，才能獲得二次發展。如今數位化報紙、網路廣播、手機電視等融合性媒體如雨後春筍般出現便是明證。而新媒體脫胎於舊的媒體形態的特徵，為新舊媒體的相互融合提供了可能。

　　人性化是所有媒體的發展方向：口語媒體轉瞬即逝、不易儲存，於是有了文字媒體；文字媒體無法大規模複製，於是出現了印刷媒體；印刷媒體難以克服時空的障礙，電子媒體便應運而生。可以說，每一種新型媒體的出現，必然是對以前媒體功能的補充與完善。新技術是其出現的基礎，而人性化導

新媒體廣告
前言

向意味著技術圍繞人們的需求而展開。新媒體的出現，滿足了人們渴望發聲、渴望分享的需求；滿足了人們渴望交流、渴望互動的需求；滿足了人們渴望以一個更快更便捷的方式，獲取與傳播更多的個性化資訊的需求。而在不遠的將來，新媒體將帶來真正的去仲介化——人們在經歷了部落社會的無仲介、脫部落社會的仲介化之後，正在迎來人與人之間交流的去仲介化。屆時，人們將歡欣鼓舞地迎接一個所有人都與其他人緊密相連的「地球村」時代。

　　周茂君

第一章 新媒體廣告概說

【知識目標】

　　☆新媒體、新媒體廣告的概念與界定

　　☆新媒體廣告的特點和分類

　　☆網路廣告的發展歷程

　　☆手機的媒體化歷程及手機廣告的發展概況

【能力目標】

　　1. 能說出新媒體、新媒體廣告的內涵與外延

　　2. 能結合案例說明新媒體廣告的特點

　　3. 能從多角度對新媒體廣告進行分類

　　4. 能較準確地歸納網路廣告與手機廣告的發展歷程

【案例導入】

　　一天早上,在外商公司上班的女孩小劉和往常一樣進入辦公室,打開電腦。看看時間還早,於是打開社群媒體瀏覽一下最新資訊。由於小劉最近最關注的是買車,看完,她順手點擊進入汽車頻道查詢一些購置資訊。這時,頁面上方彈出了一個巨大的豐富多媒體廣告,一款粉色賓士 Smart 汽車映入眼簾。奇怪的是,廣告上居然出現了自己的社交軟體頭像,於是小劉忍不住點擊了下面的文字「打造專屬 Smart」,進入了「10 億組合隨你變」的活動頁面。小劉根據自己的喜好,搭配出了一款外觀、車漆、內飾都符合自己需求的車子,並透過微博進行了分享。沒過多久,朋友紛紛回覆或轉發（見圖 1-1）。

圖1-1　新浪網首頁上的豐富多媒體廣告(1)

　　與此同時，小劉的一位男同事小王也點擊進入了汽車頻道。小王是一個陽光男孩，熱愛運動，尤其是籃球。在他的頁面上，出現的是紫金色款的賓士 Smart 車型和自己的頭像。在好奇心的驅動下，小王也點擊進入了「打造專屬 Smart」的活動區，開啟個性化創意之旅……（見圖1-2）

圖1-2　新浪網頁上的豐富多媒體廣告(2)

　　根據事後發布的廣告效果數據，可看出這次廣告活動的影響力：「2013年4月19日-5月22日，本次個性化的廣告投放共產生曝光量為7287446，點擊率為2.58%，有效到達率為0.07%，投放效果良好，有效提升了 Smart

BRABUS tailor made 的品牌涵蓋面。新浪微博平台的嵌入,加強了活動資訊的二次傳播,帶動了新浪微話題『給 Smart 點顏色看看』的話題討論,傳遞了積極自信、健康快樂的 Smart 生活方式。」

透過這則案例,試想一下,以網路為代表的新媒體與傳統媒體相比,在廣告傳播上具有哪些獨特之處?

隨著數位技術、電腦網路技術和行動通信技術的迅速發展,催生了諸多不同於傳統媒體的全新媒體形態,它們以不同的方式侵入人們的生活,綁架人們的注意力,最終吸引廣告主為這些注意力買單。越來越多的企業開始削減原本用於傳統媒體的廣告預算,轉而投入這個廣告行銷活動的新戰場,新媒體廣告已經連續多年保持遠超傳統媒體的高速增長態勢,廣告規模也不斷實現飛躍式發展。我們從以下一組數據可見一斑:2013 年,美國數位廣告收入已達到 428 億美元,首次超過廣播電視,僅 Google 一家的廣告收入,就超過了美國報紙雜誌的廣告收入總和。從廣告增長趨勢來看,全球大部分傳統媒體的廣告收入持續下滑,進入經營寒冬,而新媒體廣告一枝獨秀,引吭高歌。從廣告活動參與者來看,新媒體廣告主的涵蓋面之大前所未有,閱聽人規模與閱聽人活躍度遠遠超過傳統媒體,廣告媒體形態百花齊放,廣告方式不斷翻新。新媒體廣告在實踐領域飛速發展,因此對其基本規律的進一步認識和研究也迫在眉睫。

第一節 新媒體廣告的概念

人類的廣告傳播行為,經歷了以口頭叫賣和實物陳列廣告為代表的古代廣告時期,以報刊廣告為代表的近代廣告時期,以廣播、電視廣告為代表的現代廣告時期。而今,廣告市場即將隨著以數位技術為核心的新型媒體形態的發展跨入又一個新時期。為了更宏觀地瞭解這一新時期的廣告運作規律,我們把具有某些共同特徵的廣告形態統稱為新媒體廣告,並將在後面的章節中對其傳播形態和運作方式進行具體研究。那麼,究竟什麼是新媒體廣告呢?

一、新媒體的界定

新媒體作為新媒體廣告的傳播載體，目前學界和業界對其概念的看法並不一致。而本書的研究對象「新媒體廣告」建立在對「新媒體」的認識的基礎上，因此有必要首先對新媒體的概念進行明確界定。

（一）新媒體概念的產生和發展

「新媒體（New Media）」一詞最早由美國哥倫比亞廣播電視網（CBS）技術研究所所長戈爾德馬克提出，他在 1967 年發表了一份「關於開發電子錄影（Electronic Video Recording, EVR）商品的計劃」，在此計劃書中，他把電子錄影稱為「新媒體」。1969 年，美國傳播政策總統特別委員主席 E·羅斯托（E. Rostow）在向美國總統尼克森提交的報告中，也多次使用「新媒體」一詞。隨後，新媒體一詞漸漸在美國使用，並逐漸在世界各地流傳。

1990 年代，電腦技術迅速發展，網際網路異軍突起，網路媒體逐漸進入人們的視野並產生了較大的影響力，「網路媒體」、「新媒體」等名詞逐漸被納入傳播學的研究範疇。在研究之初，新媒體被當成「網路媒體」的代名詞，新媒體即指的是網路媒體。1999 年陳曉寧發表的《試論新媒體》，文中指出「隨著資訊化社會的到來，人類將進入新媒體，即網路媒體時代」。

2000 年以後，新媒體的研究日漸成了傳播學領域的研究熱點，對其的剖析也越來越深入和明晰。2003 年，馮光華發表了《初露端倪的新媒體——手機》，他提出了手機媒體是繼四大媒體之後的「第五媒體」，自此，手機媒體也被納入了新媒體的研究範疇。

此後，隨著以網路媒體和手機媒體為代表的新媒體形態的不斷發展，以及新舊媒體間的互通互融，出現了諸多盛極一時的媒體產品，諸如部落格、播客、手機報、手機電視、網路電視、數位電視、IPTV，以及近幾年出現的微博、微信等。與此同時，電視牆、車上型電視、計程車裡的互動觸控螢幕，機場、火車站、校園甚至理髮店、藥店、賣場等場所的分眾影片媒體都獲得了迅速發展。這使得新媒體的研究範疇和研究重點不斷發生變化，對新媒體概念的界定也變得愈加複雜。

（二）新媒體的界定

　　由於媒體形態的不斷發展變化，以及人們對新媒體的認識角度多樣化，迄今為止，學界和業界對於「新媒體」概念的界定有共識也有分歧，沒有形成完全一致的看法，對於新媒體的歸類方法也較為混亂。

　　目前關於新媒體概念的共識在於，「新媒體」是技術進步的產物，是相對於「傳統媒體」而言的概念。正如清華大學熊澄宇教授所言：「新媒體是一個發展的概念。它不會也不可能終止在某一固定的媒體形態上，新媒體將一直並永遠處於發展的過程中。」

　　對「新媒體」的具體定義，則眾說紛紜。如美國《連線》雜誌社曾對新媒體下過一個較有影響的定義——「所有人對所有人的傳播（Communication for all by all）」，這個定義主要從傳播形態和傳播方式變化的角度來界定新媒體；熊澄宇教授則認為，「所謂新傳媒，或稱數位媒體、網路媒體，是建立在電腦資訊處理技術和網際網路基礎之上，發揮傳播功能的媒體總和」，其主要考量視角在於新技術的運用；黃升民教授認為，新媒體是資訊傳播者和接受者雙方平等的新傳播方式的構建，是媒體舊格局的解構與重聚，是資訊內容生產流程再造與管理創新，是資訊傳輸網路的融合與博弈的產物，更是以個人、家庭、行業和政府的資訊需求為動力的，所構建的嶄新的資訊生產、消費與交流平台。

　　關於新媒體的分類標準，當前究竟哪些媒體形式屬於新媒體範疇，尤其是電視牆、車上型電視、計程車互動觸控螢幕、各類數位化電子螢幕等是否屬於新媒體範疇等問題，更是目前的主要分歧。黃傳武教授將新媒體形態分為網路新媒體、手機新媒體、戶外新媒體三種，他認為除了網路媒體和手機媒體外，「一切以數位內容為展現形式的室外媒體」也都屬於新媒體範疇。《媒體》雜誌主編周豔則從媒體類型的角度將新媒體劃分為廣播電視新媒體、平面新媒體、行動新媒體、網際網路新媒體四類。匡文波教授認為「新媒體」的嚴謹表述應該是「數位化互動式新媒體」，他認為「數位化」、「互動性」是新媒體的本質特徵，從技術上看，「新媒體」是數位化的；從傳播特徵看，「新媒體」具有高度的互動性。他認為目前真正的新媒體只有具有互動性的

網際網路和手機媒體,而電視牆、車上型電視、數位電視均被排除出了新媒體範疇。

宮承波教授對於這些分歧做了較好的解釋和調和,將新媒體分成「新興媒體」和「新型媒體」兩種形態,並從「廣義」和「狹義」兩方面進行了界定。他認為廣義上的新媒體包括「新興媒體」和「新型媒體」兩種形態,狹義上的新媒體僅僅指的是「新興媒體」。「新興媒體」是指依託全新的傳播技術,以改變傳播形態為主要訴求,強調體驗和互動,內容生產日趨分散化和個性化的媒體,其以網路媒體、行動媒體和互動電視媒體為代表;而「新型媒體」是在傳統媒體的基礎上依託新技術衍生而來的,其傳播形態並未發生根本性改變,但是資訊質量獲得提高,傳播範圍更加寬廣,到達了以前無法涵蓋的區域,包括戶外新媒體、電視牆和車上型電視等。

本書認為新媒體是由於技術的發展而引發的資訊傳播方式的巨大變革,因此,技術必然是衡量新媒體的重要標誌。由於本書的研究內容是新媒體廣告,重在發掘新媒體環境下廣告活動的新特徵,而那些僅在傳統媒體基礎上,依託新技術衍生而來的新的媒體形態,如車上型電視、電視牆、戶外電子螢幕等,儘管採用了數位化技術,但其廣告表現形式、傳播形態、運作方式等與傳統媒體幾乎無異,因此不納入本書的講述範圍。也就是說,本書中所涉及的新媒體概念是狹義上的概念,指的是依託數位技術,透過網際網路、行動通信網、廣播電視網進行傳播,具有互動性特徵的媒體形態。根據接入網路的區別,可分為網際網路媒體、行動通信媒體、廣播電視新媒體,這三類新媒體的終端載體分別以電腦、手機、智慧型電視為代表。

對於新媒體的概念,有三點值得注意:

第一,由於三網融合趨勢的不斷加強,不同新媒體之間的界限越來越模糊,比如原純屬行動通信網的手機已接入網際網路,近年迅速發展的電視OTT業務也已經打破了廣播電視網與網際網路之間的界限。因此,以接入網路的區別來劃分新媒體類別必然會遇到很多難以絕對劃分的問題。

第二,在本書中,主要以三種典型的媒體終端為線索進行分類和論述,即電腦、手機、智慧型電視。實際上,目前的新媒體終端除了這三種外,還

有平板電腦（PAD）、電子書、可穿戴設備等，但由於這些新媒體與前面三種在內容上和表現形式上有諸多重合，因此不進行專門論述。

第三，新媒體是一個開放的系統，新媒體陣營的成員永遠處於不斷變化之中，隨著電腦和網路技術的進一步發展，以及物聯網技術的發展，未來的車上型電視、電視牆以及新型的戶外電子螢幕等都有可能逐漸具備狹義上新媒體的特徵，並實現新型的廣告運作方式。本書將在以後的版本中不斷完善對新媒體的認識和界定。

二、新媒體廣告的概念

明確了何為「新媒體」，下一個問題是界定什麼是「新媒體廣告」。在傳統媒體中，廣告與非廣告的界限較為分明；而在新媒體環境下，新媒體傳播方式的開放性和傳播門檻的降低，導致新媒體環境下的傳播行為形式多樣，紛繁複雜，常常會出現廣告與內容、廣告與新聞的邊界模糊，廣告與免費的資訊傳播邊界模糊，廣告與行銷的邊界模糊。在新媒體中傳播的資訊，有的是廣告主的付費傳播行為，有的僅為個人或企業實體的自主傳播，有的是消費者的自發擴散傳播，有的是單純的行銷行為，有的將廣告與行銷相結合……在以上這些傳播現象中，究竟哪些屬於新媒體廣告的範疇呢？

要釐清這個問題，還需要明確什麼是「廣告」，以及在現代廣告學的研究範疇中，「廣告」的本質特徵是什麼。

（一）「廣告」概念的產生和發展

一直以來，「廣告」這一概念都處於不斷發展變化之中，尤其是隨著新舊媒體的更替，「廣告」的內涵不斷豐富，外延逐漸擴張。拉丁文「advertere」是「廣告」一詞的最初源起，意為注意、誘導、傳播。後來演變為「advertise」，其含義衍化為「使某人注意到某件事」，或「通知別人某件事，以引起他人的注意」。17世紀中後期，隨著西方商業活動的興盛，「廣告」一詞得以廣泛運用，成為商業活動中的重要宣傳手段，其在社會生活中的功能不斷得以拓展，相應地，「廣告」這一概念也漸漸脫離了原有的字面意思。19世紀末一種普遍認同的定義是「廣告是有關商品或服務

的新聞（news about product or service）」；20世紀初美國著名廣告人約翰·甘迺迪提出了一個具有深遠影響的定義：「廣告是印在紙上的推銷術（salesmanship in print）。」早期對於「廣告」定義的落腳點主要停留於廣告的存在形態及其功能上。

隨著廣告傳播環境及廣告活動的日趨複雜，尤其是廣告學作為一門獨立學科開始興起並不斷發展後，越來越有必要給「廣告」下一個更為精準的定義，以區分廣告活動與其他傳播活動。各國學者、廣告從業者、行業組織對「廣告」一詞做過很多界定，表述不一。

美國行銷協會提出：「廣告是由可確認的廣告主，對其觀念或服務所作之任何方式付款的非人員性陳述與推廣。」

《不列顛簡明百科全書》對廣告的定義是：「廣告是傳播資訊的一種方式，其目的在於推銷商品、勞務服務、取得政治支持、推進一種事業，或引起刊登廣告者所希望的其他的反應。廣告資訊透過各種宣傳工具，傳遞給它所想要吸引的觀眾或聽眾。廣告不同於其他傳遞資訊的形式，它必須由登廣告者付給傳播的媒體以一定的報酬。」

著名的廣告學大師威廉·阿倫斯在《當代廣告學》（第8版）中對廣告做出如下定義：「廣告是由已確定的出資人透過各種媒體形式進行的有關產品（商品、服務、觀點）的、通常是有償的、有組織的、綜合的、勸服性的非人員的資訊傳播活動。」

以上對於「廣告」的定義雖然有所差異，但基本觀點趨於一致，即「廣告」應具備如下幾個基本特徵：

(1) 有明確的廣告主。

(2) 有明確的廣告目標。

(3) 廣告是一種資訊傳播行為，也就是說必須有具體的廣告資訊。

(4) 基於一定的媒體載體進行傳播。

(5) 傳播者需要支付一定的費用。

（二）新媒體廣告的界定

在新媒體環境下，廣告的生存形態、傳播形態發生了巨變，廣告內容化趨勢變得更為明顯。例如在搜尋引擎中，透過關鍵字競價排名的方式，將出高價者的頁面資訊放在搜尋結果的最前方；在一些名人部落格中，博主收取了廣告主的廣告費用後，在文章中對商品或服務進行推薦等。廣告與內容已經幾乎融為一體，普通閱聽人常常很難明確辨別。

關於新媒體廣告的概念，也有學者進行過表述，舒永平教授對新媒體廣告的定義是：「由特定組織和個人透過付費方式獲得各種媒體載具上的時間與空間，旨在引導閱聽人的情感態度與相應互動的、有關商品和觀點的資訊傳播。」張金海教授認為：「所有付費的，公開傳播的，有關生產與消費、供應與需求的所有商務資訊都屬於廣告的範疇，其介質、形式不必拘泥。對網路傳播而言，在網路上發布的所有商務資訊都是廣告。」

綜合前面的分析可以看出，對於新媒體廣告的概念目前仍然沒有完全一致的看法。我們認為新媒體廣告有廣義和狹義之分，廣義上的新媒體廣告泛指透過新媒體平台或渠道發布的所有商務資訊；而狹義上的新媒體廣告是指商品經營者或服務提供者以付費的方式獲得在各類新媒體平台中的曝光機會，以實現產品（服務）推介或資訊溝通為目的的商業活動。本書中涉及的新媒體廣告均指的狹義上的概念，而諸如企業網站上的自主宣傳、個人透過論壇發布銷售資訊、消費者無償評論轉發、自媒體傳播等，雖然客觀上造成了廣告宣傳的作用，但不屬於本書的研究範疇。

第二節 新媒體廣告的特點和分類

由於新媒體在技術手段和傳播方法上具有完全不同於傳統媒體的特點，其採用數位技術、電腦網路技術、行動通信技術等進行資訊傳輸，具有傳播範圍廣、資訊量大、即時性、互動性、開放性、分眾化等特點，這決定新媒體廣告與傳統媒體廣告有本質區別。

一、新媒體廣告的特點

新媒體廣告相對於傳統媒體廣告而言，最大的特點在於廣告內容的豐富性和多樣性，廣告表現的交互性和參與性，廣告傳播的精準性和持續性，廣告效果的可測性。

（一）廣告內容的豐富性和多樣性

新媒體的數位化和開放性特點，決定了新媒體廣告在內容上具有量的豐富性和質的多樣性。具體表現在如下幾個方面：

1. 廣告資訊數量巨大（可擴展性）

新媒體廣告以數位化的方式進行開發、存儲，基於國際網際網路路進行傳播，突破了地區、國家間界限，可以 24 小時不間斷地傳播資訊，決定了其廣告在數量上是傳統廣告無法比擬的；同時，新媒體廣告利用超連結技術，在一個廣告連結的後面，對應著系統的、立體化的企業宣傳資訊或廣告活動。

2. 廣告內容涉及領域廣（廣告門檻低）

在傳統大眾媒體時期，廣告的門檻較高，一般只有具備較強經濟實力的企業才會在報紙、電視台發布廣告。而新媒體時期，媒體多元化、廣告投放形式多樣化和發布方式的便捷化，使得廣告投放門檻大大降低，普通大眾可以隨時隨地進行廣告資訊的投放和發布。比如每個人都可以註冊一個帳號，支出很少的費用即可在搜尋引擎網站上進行競價排名廣告投放，宣傳自己的產品或服務。這種低門檻的廣告投放，導致參與宣傳的產品範圍更為廣泛，廣告內容更為豐富。

3. 廣告表現形式多樣

一方面，新媒體廣告利用數位技術和網路技術，將文字、聲音、圖像、動畫、超連結等表現形式進行全面融合，容易進行個性化的廣告創意；另一方面，媒體產品的多元化，使得廣告表現不拘一格，不同的廣告平台對於廣

告有其適配性，文字廣告、圖形廣告、插入廣告、植入廣告等，在不同的廣告平台上有不同的表現方式。

（二）廣告表現的交互性與參與性

新媒體的互動特徵，使得新媒體廣告有了進行交互設計的基礎。新媒體廣告的交互性表現為多個方面。首先，大部分新媒體廣告不僅僅是靜態的圖文展示，使用者透過點擊廣告可以進入下一級頁面，或參與更多活動或註冊成為會員，或直接點擊下單購買或進一步分享資訊等；其次，還有一部分新媒體廣告本身就是一個趣味性的互動遊戲，在遊戲中找到與產品的結合點，並透過互動性的設計，吸引使用者興趣，或者在與閱聽人的互動過程中慢慢釋放出全部資訊；再次，對於手機類新媒體而言，互動性元素更為豐富，使用者可以透過即時發送簡訊、撥打電話，掃描二維碼等參與互動還可以對廣告資訊進行評論、轉發等。

（三）廣告傳播的精準性和持續性

廣告傳播的精準性和持續性主要表現在如下幾個方面：

1. 廣告發布的實時性

在傳統廣告時期，一次廣告活動從策劃到實施需要較長的時間週期，而且一旦廣告刊播後，幾乎沒有修改的餘地。但是對於新媒體廣告而言，其不僅資訊傳播迅速即時，而且可以實現隨時製作隨時發布，同時廣告發布者也能根據情況變化及時更新廣告資訊，非常有利於廣告時機的精準把握。比如面臨危機公關時，配合危機公關的廣告可以第一時間在新媒體中發布；在事件行銷活動中，廣告主也可以根據時機隨時開展或改變廣告攻勢，使廣告資訊「無處不在」地包圍閱聽人。

2. 廣告目標的精準性

大數據主導下的廣告投放，基於大量的使用者資料蒐集和強大的數據分析技術，可以實現廣告目標的精準性。網路服務商可以利用網路追蹤技術收集使用者資訊，整理使用者訪問的內容及訪問習慣，並按照使用者性別、年

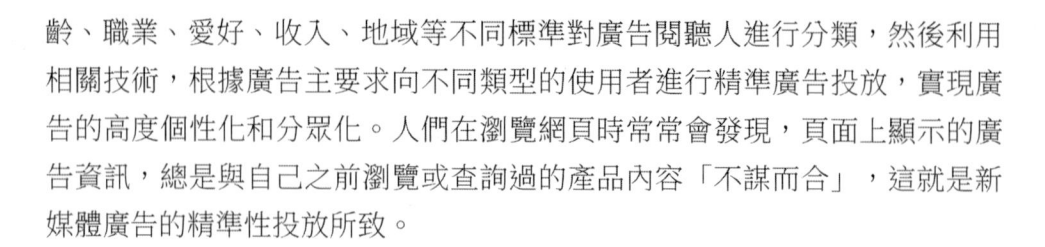

齡、職業、愛好、收入、地域等不同標準對廣告閱聽人進行分類，然後利用相關技術，根據廣告主要求向不同類型的使用者進行精準廣告投放，實現廣告的高度個性化和分眾化。人們在瀏覽網頁時常常會發現，頁面上顯示的廣告資訊，總是與自己之前瀏覽或查詢過的產品內容「不謀而合」，這就是新媒體廣告的精準性投放所致。

3. 廣告閱聽人參與傳播

在傳統媒體時期，閱聽人一般是被動接受廣告資訊，對於媒體中刊播的廣告，閱聽人只有選擇看或不看，聽或不聽的權利；同時對於廣告資訊而言，其傳播為一次性行為，尤其是廣播廣告和電視廣告，一則廣告的播出意味著一次廣告活動的結束，閱聽人無法重溫廣告資訊，更無法對廣告資訊進行回饋和二次傳播。但是新媒體背景下的廣告傳播活動包含著更深層的傳播規律，閱聽人不僅可以根據自身需要檢索廣告資訊，而且可以參與廣告互動，成為使用體驗的分享者、廣告資訊的二次傳播者。閱聽人的參與性，使得新媒體廣告的傳播不是一次性行為，而具有長效性。

（四）廣告效果的可測性

廣告效果的可測性，表現為如下幾個方面：

1. 訪問數據的可測性

傳統媒體以發行量、收視率、收聽率等作為廣告效果的測量指標，而現實情況是，看過報紙的讀者、收看電視的觀眾並不一定會看過廣告，因此傳統媒體的廣告效果測量其實只是一種粗放型估量。而新媒體中，既可以透過訪客流量系統統計出相應網頁的瀏覽量，還可以透過點擊率轉發率、評論數等來精確計算消費者對廣告的即時反應，同時點擊者的地域分布、點擊時間都清晰可辨，這些均可作為廣告效果的重要測量指標。

2. 行銷效果的可測性

　　隨著電子商務、網際網路金融以及物流業的迅速發展，透過網路購物已成為現代人的一種消費習慣。因此，新媒體廣告與行銷效果之間的關係也變得更為密切。廣告透過超連結與行銷平台進行關聯，在電腦或手機上看到一則廣告，如果對廣告產品或服務感興趣，即可方便快捷地實時完成產品購買。尤其是電子商務網站上的廣告，銷售效果更是廣告效果的精確測量指標，而這些都是傳統媒體無法實現的。

　　近年來，隨著新媒體的迅速發展，新媒體的觸角已經布及社會生活的方方面面，新媒體廣告逐漸以後來者居上之勢，衝擊和分流著傳統媒體的廣告市場。但是由於新媒體的開放性，其存在與生俱來的不足。新媒體廣告雖然相對於傳統媒體而言有諸多優勢，但目前還存在不少問題，比如違規廣告多、廣告可信度低、誠信缺失、手機簡訊廣告泛濫、廣告點擊率造假、監管困難等問題層出不窮，這些問題亟須隨著新媒體的發展進行逐步規範和完善。

二、新媒體廣告的分類

　　新媒體廣告形式多樣，廣告發布平台多元化，對於新媒體廣告的分類的角度比較多，沒有完全一致的標準。由於新媒體廣告屬於廣告的一種，因此，很多對於傳統廣告的分類方法用在新媒體廣告中同樣適用。比如，按照廣告的性質分，可分為商業廣告和非商業廣告；按廣告對象分，可分為消費者廣告、行業廣告、服務業廣告；按廣告目的分，可分為產品廣告、品牌廣告、觀念廣告、促銷廣告等。也有學者從新媒體自身的特徵出發進行分類，如根據新媒體技術實現方式，把新媒體的廣告分為互動性廣告和非互動性廣告；根據推送手段，分為定向廣告和非定向廣告；根據傳播範圍，分為大眾廣告和窄眾廣告等類別。本書主要從新媒體廣告終端載體的角度進行分類，將其分為網路媒體廣告、手機媒體廣告、電視新媒體廣告三類。（見圖 1-3）

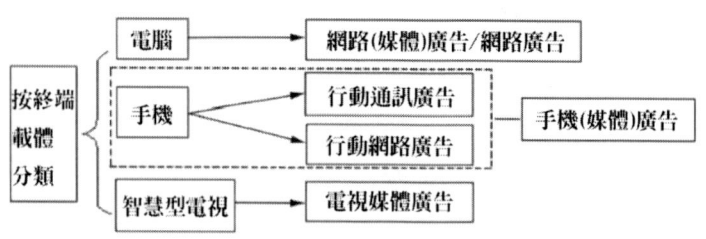

圖1-3　新媒體廣告的分類(按中端載體劃)

(一) 網路媒體廣告

網路媒體廣告，通常也稱為網路廣告、網際網路廣告。對於網路廣告的概念有很多不同的看法，廣義上的網路廣告泛指透過網際網路、行動通信網、廣播電視網等網路技術進行傳播的所有廣告形態。從這個角度出發，也有人提出新媒體廣告實質上就是網路廣告的泛化。

狹義上的網路廣告特指基於網際網路技術，透過 PC、筆記型電腦等終端進行傳播的廣告。由於在網際網路誕生的初期，電腦是承載網路資訊的主要終端載體，因此人們約定俗成地將這一類廣告稱為網路廣告，而為了以示區分，將後來興起的基於手機終端和平板電腦終端的網路廣告統稱為「行動網際網路廣告」。

本書後面章節所涉及的網路廣告均指的狹義上概念，我們給其下一個定義：網路廣告，指由可識別的廣告發布者，透過圖文或多媒體等形式在電腦網路平台上發布產品或服務資訊，以達到勸服或溝通等目的的傳播活動。

(二) 手機媒體廣告

手機媒體廣告，通常也稱手機廣告、行動通信廣告、行動廣告、無線廣告，指以手機媒體為終端載體進行傳播的新媒體廣告形式。手機媒體由於兼具行動通信功能和網路的行動終端功能，目前已經成為新媒體廣告領域最具潛力的媒體終端。因此手機終端常作為一個獨立的研究對象，其包含了利用無線通信技術進行傳播的「行動通信廣告」和基於網際網路技術而發展的「行動網際網路廣告」兩層內涵。

若結合前面所提到的「廣告」的基本特徵，可以將手機廣告定義為：由可識別的廣告主付費，透過手機終端，以簡訊、多媒體、手機網頁、客戶端等媒體進行發布，向使用者傳遞產品或服務資訊，以達到影響和勸服目的的傳播形態。

（三）電視新媒體廣告

電視新媒體廣告，也稱互動性電視廣告，是指利用數位技術，以具有互動性功能的電視或智慧型電視為終端，透過廣播電視網或網際網路等網路進行傳播的廣告形態。

實質上，在「三網合一、多螢幕融通」的趨勢下，不同終端所承載的內容間的界限越來越模糊，電腦終端可以撥打電話、手機可以上網、電視可以承載各類網路應用，很難絕對分清界限。比如網路廣告與手機媒體中的行動網際網路廣告存在千絲萬縷的聯繫，目前正在漸漸向電視領域滲透。但由於電視新媒體目前受到多方因素的制約和管控，電視新媒體廣告仍處於起步階段。

第三節 新媒體廣告發展概覽

新媒體廣告的產生以網路廣告為先驅，手機廣告後來者居上，它們像一股強勁的旋風席捲了全球廣告市場，使得傳統媒體廣告的市占率不斷萎縮，廣告經營岌岌可危，而以數位化和互動性為典型特徵的新媒體廣告所向披靡，廣告占比節節攀升。本節主要對網路媒體廣告、手機媒體廣告的發展歷程和現狀進行簡單梳理和回顧，由於電視新媒體的發展受到各方面政策的制約，目前其廣告經營尚處於起步階段，因此在本節中不進行專門介紹。

一、網路媒體廣告的發展概況

從網路廣告的出現至今僅 20 年時間，目前，在大部分網路廣告較為發達的國家，其市場規模已相繼超過雜誌、廣播、報紙、電視，成為排名第一的媒體類別。網路廣告發展之快，令世界矚目。以美國網路廣告市場為例，其廣告市場規模從 1995 年不足 6000 萬美元增長到了 2013 年的 428 億美元，

僅 8 年時間，廣告規模翻了 700 多倍。2001 年時，美國網路廣告的市場規模開始超過了戶外廣告，2007 年超過了廣播廣告，2008 年超過了雜誌廣告，2010 年超過了報紙廣告。2013 年，美國網路廣告首次超過電視廣告，目前仍然在以兩位數的速度繼續增長。

回顧世界網路廣告的發展歷史，一般劃分為如下三個階段：

（一）探索發展期（1994—2000 年）

1994 年 10 月，美國著名雜誌《在線》（Wired）推出了網路版 Hotwired（www.hotwired.com），其主頁上出現了 AT & T、IBM 等 14 個客戶的橫幅廣告（banner），這則廣告被視為世界上第一則標準的網路廣告，其意義就像一個里程碑，宣告著網路廣告這種新型廣告方式的誕生。

圖 1-4　1994年10月14日出現的第一個網路橫幅廣告

之後幾年中，網路廣告逐漸在世界範圍內興起，日本、俄羅斯、英國、德國等較發達國家均開始出現網路廣告。

綜觀這一階段，網路廣告市場表現出如下幾個特點：

1. 網路廣告從無到有，增長迅速

從第一則網路廣告的出現到 2000 年，網路廣告市場如橫空出世的黑馬，經營額一路飆升。從表 1-1 可以看出，1996 年，美國網路廣告市場增長率一度達到 385.5%，之後幾年雖有所放緩，但也幾乎是翻倍增長。中國網路廣告雖然起步較晚，增長態勢與美國基本相仿，1998 年市場規模僅 0.3 億元，而 1999 年已經達到 0.9 億元，比 1998 年增長了兩倍。

表 1-1　2000年以前中國和美國廣告市場規模和增長率

年度\類別	美國網路廣告 市場規模(億美元)	增長率(%)	中國網路廣告 市場規模(億元)	增長率(%)
1995	0.6	——	——	——
1996	2.7	385.5	——	——
1997	9.1	239.7	——	——
1998	19.2	111.7	0.3	——
1999	46.2	140.7	0.9	200
2000	80.87	75	3.5	288.9

2. 廣告主結構較為單一

在網路廣告產生的早期，由於閱聽人群體規模較小，加上企業對網路廣告還不瞭解或尚未接受，這一時期網路廣告的投放者主要集中在 IT 行業，諸如電腦軟硬體公司、網路服務公司、網路設備公司等。根據艾瑞整理的美國廣告市場廣告主投放比例的數據顯示，1996 年，美國網路廣告投放量前幾名的行業是 IT 產品類、消費類、媒體類、通信類，其中 IT 產品類廣告投放量最多，占 38%。

3. 廣告表現形式較為單調

由於沒有可借鑑的模式，最早出現的網路廣告，主要借鑑的是傳統媒體的廣告表現形式，配合網路頁面設計廣告圖標，也就是旗幟廣告（banner），又稱網路橫幅廣告。後來漸漸發展出動態旗幟廣告、文本連結廣告、電子郵件廣告等形式。總的來說，在網路廣告初期，展示型廣告占統治地位。

4. 一批早期的網路廣告代理公司誕生

在網路廣告起步之初，廣告主一般直接與網路媒體合作，開展廣告投放業務。但很快，嗅覺靈敏的廣告從業者就感知到了廣袤的市場空間，一批專門服務於網路廣告的代理公司開始出現。1996 年，全球最大的網路廣告代理

商 Double Click 在美國成立，其主要業務是從事網路廣告軟體開發與廣告服務。

5. 網路廣告影響力迅速提升

隨著網友人數的不斷攀升，網路廣告的影響力迅速提高，受到管理部門和行業組織的重視。1996 年，美國網路廣告局（IAB：Interactive Advertising Bureau）成立，代表了全球網路廣告行業的步入正軌。1998 年，聯合國新聞委員會正式提出網際網路「第四媒體」的概念。同時，在一些重要的廣告大賽中（如坎城國際廣告節），網路廣告也開始作為一個獨立的評獎單元，吸收相關作品並進行評獎。

（二）受挫調整期（2000—2003 年）

基於前一階段網路市場的高度繁榮，投資者們對網路市場的發展前景一致看好，數以千億計的資金湧入網際網路領域。作為新經濟晴雨表的那斯達克指數從 1998 年 10 月的 1500 點一路上揚，到 2000 年 3 月 10 日，創下 5132.5 點的高點。但是由於人們對網路經濟過於樂觀，「概念」炒作過多地替代了實體經營，終究導致虛假繁榮背後的泡沫破滅，股指連續下挫，投資者陸續撤出，從 2000 年 3 月以後，網路行業愁雲籠罩，進入了空前的黑暗期，大批網站倒閉或被併購，網際網路職員被裁員。網路廣告在這種形勢的影響下，呈現出如下特點：

1. 網路廣告遭遇重創，收入銳減

由於前期網路廣告的廣告主以 IT 業為主，網路經濟的破滅直接導致了廣告收入銳減。美國網路廣告一改高歌猛進的勢頭，從 2001 到 2003 年持續負增長。據統計，2001 年，美國網路廣告市場比 2000 年下跌了 11.8%，2002 年繼續下跌 15.8%，直到 2003 年下半年才開始緩慢回升。

2. 廣告投放較為集中

儘管網路經濟陷入蕭條,仍有一些廣告主堅持在網路上投放廣告,只是投放的媒體更為集中,主要選擇影響力較大的入口網站進行投放。根據 IAB 發布的調查數據,在 2002 年第三季度,美國 15 家最大網路媒體中有 9 家的收入與 2001 年同期相比平均增長了 66%,可見網路廣告收入主要由少數大型網路媒體所控制。

3. 廣告形式有所創新

在嚴峻的經濟環境下,網路媒體為了吸引使用者和廣告主,在廣告形式上進行不斷進行嘗試和創新。一方面在廣告尺寸上進行變革。最早進行廣告形式上革新的是美國的 CNET,其在 2001 年 2 月推出了放置在網頁中心位置的 360×300 像素的巨型廣告,此後各大網路公司紛紛跟進,掀起了網路廣告越大越好的浪潮,大通欄、畫中畫、彈出窗口等廣告形式成為主流;另外透過技術手段的創新,發展出了 Flash 廣告、網上影片廣告、流媒體廣告、插播式廣告等多樣化形式,並開始重視廣告的互動性。網路廣告公司 24/7Media 在廣告中引入即時通訊技術,使得使用者可透過一則在線抽獎活動廣告中的點擊嵌入按鈕,將這項活動透過簡資訊的形式發送給朋友,結果發現,這種廣告遠比電子郵件廣告效果要好,廣告回應率提升了 300%。

4. 競價排名廣告異軍突起

當展示型廣告受到重創時,一些網站積極尋找新的盈利模式。2001 年 10 月,Google 推出關鍵字廣告業務,採用點擊付費和競價的方式進行廣告經營,這種以關鍵詞檢索為代表的競價排名廣告一出現便受到熱捧,其營業額逆勢增長。據 IAB 的統計,2002 年美國第二季度的關鍵詞檢索收入比 2001 年同期增長了 144%。

(三) 復甦和快速發展期(2003 年至今)

從 2003 年開始,全球網路經濟開始回溫。在這一年,一場突如其來的傳染病(SARS)把很多人困在了家裡,網路成了人們之間互通資訊的最好渠

道。網友人數在這一年中激增，網路的影響力空前高漲，投資者對網際網路重拾信心，網路市場再度繁榮，網路廣告節節攀升。2003 年可以說是網路廣告從低谷走向繁榮的重大轉折，美國網路廣告一舉打破連續兩年的負增長態勢，在 2002 年基礎上實現了 20.9% 的增長（如圖 1-5）。

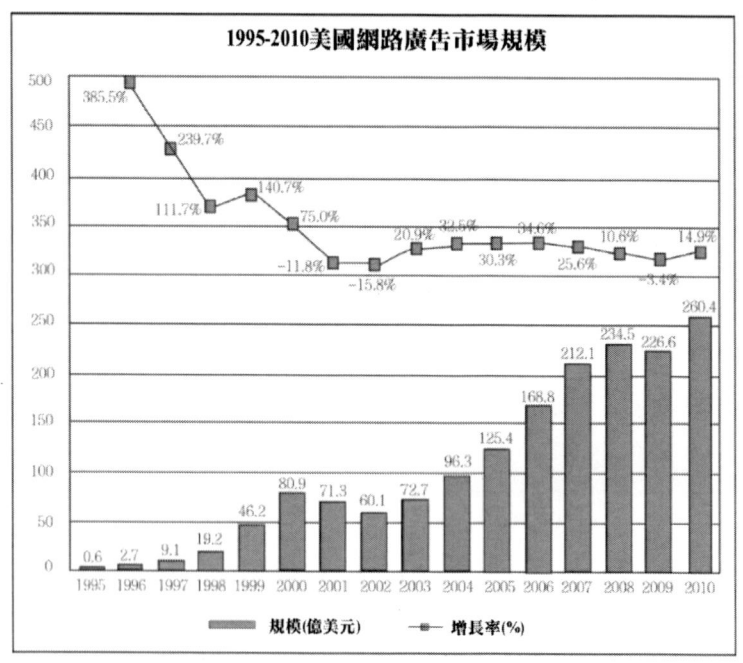

圖 1-5　1995-2010 美國網路廣告市場規模

從 2003 年至今，雖然期間受世界金融危機的影響，全球網路廣告市場曾在 2009 年一度下滑，但從 2010 年開始，繼續保持一路增長的態勢。具體來說，這十幾年間，網路廣告市場表現出如下特點：

1. 網友人數快速增長，廣告營收穩步上揚

1997 年，全球網友人數僅 7000 萬人，到 2009 年，數量已突破 10 億，其中 43% 來自亞太，28% 來自歐洲，18.4% 來自北美，中東和非洲地區占 4.8%。以中國為例（見圖 1-6），中國的上網使用者數自 2003 年開始爆發增長，到 2008 年時網友人數已經超過美國，成為世界上上網人數最多的國

家。從網路廣告營收上來看，以中國為例，2003年，中國網路廣告市場規模僅為10.8億元，而此時全國電視廣告的市場規模為231億元；2011年，網路廣告的市場規模為512.9億元，首次超過了453.6億規模的報紙廣告，成為僅次於電視廣告的第二大媒體；到2014年，中國網路廣告的市場規模已達到1540億元，已經超過電視媒體的市場規模。

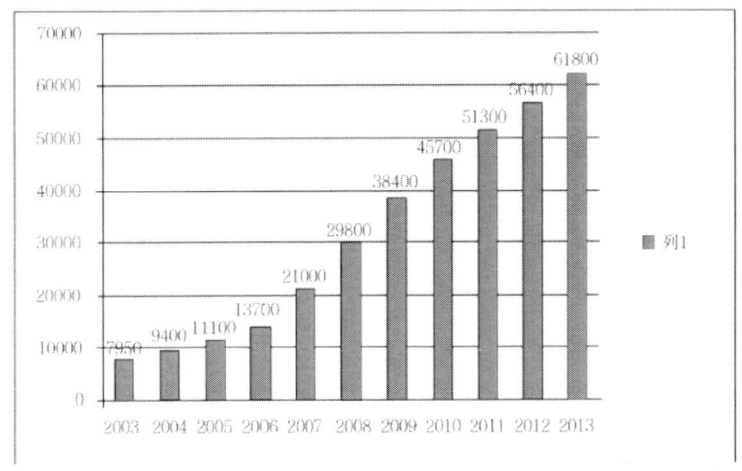

圖1-6　2003-2013年中國上網用戶變化情況

2.廣告媒體平台百花齊放，廣告形式不斷翻新

　　網路廣告的媒體平台，不再是入口網站一家獨大。搜尋引擎網站、垂直網站、影片網站、電子商務網站、社群論壇，以及部落格、播客等個人化社交媒體強勢進駐，紛紛以其獨特的優勢吸引廣告主的目光，不斷瓜分網路廣告市場這塊誘人的蛋糕。2006年，新浪網以9.5億人民幣的廣告收入占據中國網路廣告市場15.7%的占比，穩居第一，加上搜狐、騰訊、網易這四大入口網站的廣告收入共占廣告市占率的35.1%；而到2014年，這四大網站累加所占的比例降到了13.2%（如圖1-7所示）。同時，從廣告形式上看，在傳統的橫幅廣告、文字連結廣告等基礎上，發展出了垂直搜尋廣告、影片插入廣告、植入廣告、原生廣告等更新型的廣告形式。

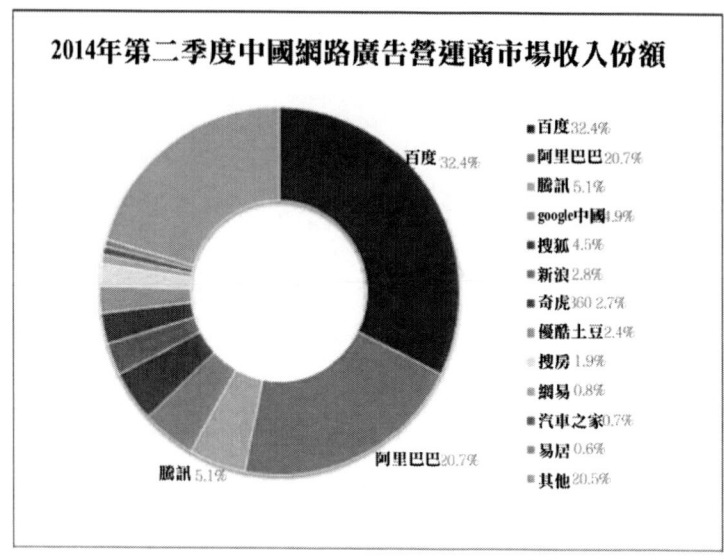

圖 1-7　2014年第二季度中國網路廣告營運商市場收入份額

2007 年前後，搜尋領域的巨頭 Google 就開始依靠對網友搜尋資訊的分類和大數據分析，探索網路媒體購買的新模式，向廣告主「售賣」具有類似特點的人群，如瀏覽同一資訊的網友或某個時間點同時在線的人群等；2012 年以後，隨著需求方平台（DSP）和實時競價（RTB）技術的出現，越來越多的網路媒體開放自己的版位資源，利用程式化投放平台的大數據分析及人群定向技術，為廣告主找到精準的使用者，並進行實時投放，使每一個網際網路使用者只看得到自己感興趣的廣告，網路媒體開始突破從傳統媒體沿襲而來的版面固定價格買賣形式，向購買網路閱聽人轉變。

3. 廣告產業鏈重新洗牌，併購融合成常態

隨著網路媒體的極度繁榮，傳統的廣告運行模式已經無法滿足客戶的需求，廣告運行模式呈現多樣化特徵。在網路廣告產業鏈中，除了傳統廣告代理公司外，湧現出一大批專業的網路廣告代理公司、網路廣告聯盟；此外，隨著程式化廣告投放的興起，出現了服務於廣告活動各環節的技術公司，如廣告創意優化公司、廣告投放公司、廣告效果優化公司等。這些新的廣告產業鏈成員，或由傳統廣告代理公司演變而來，或生根於網路媒體，或為獨立

的新生實體，它們在網路市場資本運作的大環境下，接受大浪淘沙的洗禮，或被併購融合，或被市場淘汰。

網路廣告經歷了多年的快速發展，廣告市場從無序到有了一定的規則，但目前還存在諸多可能阻礙其進一步發展的問題。

1. 廣告媒體良莠不齊，廣告創意難上台階

由於網際網路的開放性特徵，網路媒體數量眾多，良莠不齊。除了一些具有知名度的入口網站、影片網站等專業網站外，還有大量的小型或個人化網站從事廣告經營活動，它們以極低的門檻為廣告主發布網路廣告，不注重廣告形式和表現。通常的情況是，使用者透過搜尋引擎進入一個網站，撲面而來的是各種設計低劣的「牛皮癬」類廣告。尤其是隨著程式化廣告投放的興起，小網站上的劣質廣告數量更是呈幾何倍數增長，影響了整體網路廣告市場的品質。

2. 網路廣告發布門檻低，虛假廣告泛濫

隨著網路媒體影響力的擴大，越來越多的個人或小型企業開始透過網路渠道發布廣告，由於網路廣告的發布門檻低，廣告監管漏洞多，虛假廣告泛濫。

3. 廣告效果監測標準不統一，市場秩序較混亂

對於傳統媒體來說，各行業的廣告效果監測已有相對一致的標準，然而在日新月異的網際網路媒體中，網路廣告的監測標準則顯得較為混亂。雖然已經出現一些第三方監測機構開始探索網際網路廣告效果評估標準問題，但傾向於各自為政，各執一詞；而形式眾多的網路媒體的廣告效果評估主要是基於網站所提供的數據，其準確性和公正性容易受到廣告主的質疑。企業在投放廣告前很難做效果預測，一定程度上抑制了廣告主的投放決心。

二、手機媒體廣告發展概況

手機媒體廣告的出現時間不長，世界各國發展進程不一致。手機在其發展過程中，由作為個人通信工具的行動電話，發展成電腦網路的行動終端，在這過程中，手機廣告的概念也從「無線廣告」逐漸發展為「行動廣告」。「無線廣告」是在 2G 通信時代常用的概念，用來特指手機廣告，「無線」主要是相對於固定電話的「有線」而言，基於手機（無線通信）的「無線廣告」則多指基於無線通信功能的廣告，比如簡訊、多媒體和 WAP 作為載體的廣告。在 3G 通信時代，「無線廣告」概念逐漸被「行動廣告」概念所取代，「行動」相對於個人電腦的「固定」而言，這意味著手機媒體作為行動電腦終端的角色得以強化。「行動廣告」在表現形式和投放方式上都更接近於網路廣告，比如 banner 廣告、積分牆廣告、插播式廣告、置入式行銷等。手機並不是生來就被視為一種媒體形式，而是隨著其功能的不斷完善，使用者使用率和黏著度的不斷提高，其媒體屬性和價值才開始被發掘和利用，手機廣告的發展與手機的媒體化歷程密不可分。

（一）手機的媒體化

綜觀各國的手機發展情況，基本都經歷了從第一代蜂窩行動通信技術（1G）、第二代數位行動通信技術（2G）和第三代寬頻數位通信技術（3G）的發展歷程，目前大部分國家已經進入 4G 時代。相應的手機設備也實現了由模擬制式手機到第二代數位手機、第三代智慧型手機的演變（如圖 1-8）。

世界上第一部手機誕生於 1973 年，摩托羅拉的總設計師馬丁·庫伯帶領他的團隊完成了世界通信史上的巨大突破，研製出「便攜式」行動電話。但是，這時的手機體積非常巨大，基本不能作為行動通信工具。直到 1983 年 6 月 13 日，摩托羅拉終於推出了世界上第一台真正意義上的便攜式手機，這台手機體積和重量減少了很多，最長通話時間是一個小時，可以存儲 30 個電話號碼。手機發展的序幕由此拉開。

第三節 新媒體廣告發展概覽

　　早期的手機不僅較為笨重，而且功能非常簡單。在 1G 時代，手機只能完成基本的語音通話功能。因此，這一時期的手機僅僅是作為通信工具使用，不具備大眾媒體屬性。

第一代手機　　　　　第二代手機　　　　　第三代手機
圖 1-8　手機外觀的演變

　　2G 時代的手機除了語音通話功能外，還可以收發簡訊，簡訊功能的出現使手機具備了發布廣告的最基本條件。1992 年世界上第一條簡訊在英國沃達豐的網路上透過電腦向手機發送成功，標誌著簡訊時代的到來。接著，以手機為載體的各類增值業務開始出現，如手機新聞、手機報、手機電視、行動商務、遊戲、郵件應用等。在研究領域，手機也作為一種新的媒體形態，頻頻被納入新媒體研究範疇，手機作為「第五媒體」的概念就在這一時期提出。但是這一時期的手機螢幕較小，承載的內容少，而且網速低，上網費用高，互動性非常有限，因此，這一時期的手機，只能將其看作一種媒體形態的雛形，仍屬於人際溝通的工具，不是真正意義上的大眾媒體。

　　直到 3G 時代的到來，手機正式由人際傳播工具向大眾傳播媒體轉變。手機實現與網際網路的高速連接，以大螢幕為特徵的智慧型手機成為手機市場的主流，網路媒體中存在的各種媒體形態幾乎都設計了手機版，在手機上可以透過 WAP 或 APP 客戶端進入與網路媒體融合的疆域。手機變成了具有通信功能的迷你型電腦，成為網路媒體的延伸，人們透過手機可以行動上網、辦公、購物、交際、娛樂，手機從人際傳播工具轉變為了可以進行大眾傳播的工具，其媒體屬性在這一時期正式得以確立。有學者對手機的傳播形態進行了總結：「手機作為媒體，最初是一對一傳播，之後隨著簡訊技術的出現

逐漸變成一對多傳播，當網路技術運用於手機後，手機就變成了以視聽為終端，以網路為平台的，以個性化資訊為傳播內容的，以分眾為傳播目標、以定向為傳播效果、以互動為傳播應用的大眾傳播媒體。」

由於手機媒體集印刷媒體的滯留性、電視媒體的直觀性、廣播媒體的便攜性、網路媒體的互動性為一體，其有望成為所有媒體形式中最有發展潛力、最有市場的媒體，甚至有人預言：「隨著社會的發展，或許將來只有一個主流媒體，那就是手機。」

(二) 國外手機廣告的發展概況

手機廣告是隨著 2G 網路的發展而開始出現的。2G 屬於數位行動通信系統，也稱窄頻數位通信系統，不僅可以支持語音業務，還可支持低速數據傳輸。「簡訊」功能在這一系統下得以實現，並逐漸從簡單的文字發送發展成一種集新聞、娛樂、互動於一體的資訊傳播方式。世界各國最初的手機廣告都與簡訊業務密切相關。

世界上最早的手機廣告出現在日本，1999 年，日本電信運營商 NTT DoCoMo 公司推出了基於 i-Mode 技術的手機簡訊報增值業務，一些公司在上面發布產品或服務促銷資訊，可以視為手機廣告的發端。在簡訊的誕生地英國，靠簡訊傳遞消息非常普及，2001 年，英國一家名叫 ZagMe 的無線內容公司開始嘗試簡訊廣告業務，其最初與倫敦兩家最大的商業中心合作，只要在 ZagMe 網站註冊或透過簡資訊提出申請，就可以成為會員，免費得到商業中心提供的促銷資訊和折扣券，還能參加許多有獎活動，這個活動很快吸引了 8 萬手機使用者成為其會員。ZagMe 公司再透過會員的註冊資訊，為其發送「量身訂製」版的商家優惠資訊和折扣券，並選擇最恰當的時間向使用者發送。剛開始這項服務是免費的，後來 ZagMe 每發布一條促銷資訊，即向相應店鋪收取 45 美分。這可以說是英國早期簡訊廣告的典型代表。美國雖然是世界上網路廣告最發達的國家，但早期手機廣告的發展相對滯後，其中一個重要原因是美國對個人隱私的保護，使手機廣告的發展受到一定制約。

第三節 新媒體廣告發展概覽

　　日本、韓國以及英國、德國、挪威等國家都是較早開通 3G 業務的國家，但日本在 3G 應用領域領先全球，也是手機廣告發展最成功的國家。日本於 2001 年就開通了 3G 網路。2005 年，日本利用手機上網的使用者數量已經超過了使用電腦上網的使用者，是世界上第一個手機上網使用者超過電腦上網使用者的國家；2009 年 8 月，日本 3G 使用者數已達 1.036 億，占手機使用者數的 94.8%。日本手機廣告一方面形式非常豐富，除了普通的 WAP 網站展示型廣告外，還發展出了電子郵件廣告、流量導入廣告、搜尋關鍵字廣告、遊戲廣告、手機影片廣告、手機定位廣告等多種形式；另一方面，在廣告表現上注重與人們的生活密切融合，如透過手機發送虛擬優惠券，透過閱讀手機廣告獲得贈品或減免話費，將手機上瀏覽的內容巧妙的做成廣告內容等。在日本，對手機廣告有著非常完善的法律法規，還有詳細的網路廣告發布、後期刊登等的申請格式。例如，根據 2011 年的報導，日本通信省計劃要求行動服務提供商公布上網費的計算方式，目的是讓使用者降低在行動媒體費用上的支出。相關部門也已經明令三大運營商進行全方位的資訊披露，做到真正的透明化。

　　美國 2005 年才正式開通 3G 業務。2006 年，位於美國加州的 Ad Mob 公司推出了為廣告主提供手機廣告自助服務的行動廣告交易平台，這是美國第一家行動廣告平台，2009 年被 Google 收購，目前已經發展為全球最大的行動廣告平台。雖然美國在網路廣告的發展上走在世界前列，但其手機廣告卻相對滯後，有數據顯示，2009 年美國手機使用率已達到 91%，其手機廣告支出僅為 4.16 億美元，而當年的網路廣告支出卻是 240 億美元。近年來，手機廣告開始被視為美國廣告市場最有潛力的經濟增長點，受到了各方的重視，2013 年其手機廣告支出已達到 9.69 億美元，在 2012 年的基礎上實現了 122% 的增長，美國手機廣告走向了發展的快車道。據美國市場研究公司 eMarketer 估計，到 2018 年，英國手機廣告將占數位廣告總額的 70.4%；美國將接近 67.8%。

【知識回顧】

新媒體廣告，顧名思義，是以新媒體為載體的廣告，因此，要認識新媒體廣告的概念，首先要界定何為新媒體。本章從介紹學術界對新媒體這一概念的不同認識入手，在此基礎上提出新媒體廣告的概念、特點和分類，進而對以「網路廣告」和「手機廣告」為代表的新媒體廣告的發展情況進行了梳理和分析。

新媒體廣告的特點與新媒體的特點密不可分，從內容上看具有豐富性和多樣性；從傳播方式上看具有精準性和持續性；從廣告效果來看，其效果具有可測量性。新媒體廣告的分類角度更為多元，從傳播的終端載體劃分，可分為網路廣告、手機廣告、電視新媒體廣告；按廣告的呈現方式劃分，可分為展示類廣告、內容服務類廣告、置入式行銷、推送直投類廣告等形式。

目前大部分國家的網路廣告發展迅速，已成為僅次於電視廣告市場的第二大廣告媒體。手機廣告產生的時間不長，是隨著2G網路的發展而出現的。日本是世界上手機廣告發展最早的國家。

【思考題】

1. 新媒體有哪些典型特點？你認為車上型電視、戶外電子螢幕是否屬於新媒體？
2. 新媒體廣告與傳統媒體廣告最大的區別何在？
3. 如何認識手機廣告、行動廣告、無線廣告這幾個概念？
4. 日本的I-Mode廣告形式有哪些借鑑意義？
5. 如何看待手機簡訊廣告？

第二章 新媒體廣告平台

【知識目標】

☆「平台」及「新媒體廣告平台」的內涵

☆新媒體廣告平台的分類標準

☆不同終端載體的特性

☆主流媒體平台的廣告經營概況

【能力目標】

1. 能對新媒體廣告平台進行層級分類

2. 能結合案例分析幾種主流網路平台的廣告價值

3. 能結合案例分析主要手機媒體產品的廣告價值

4. 能獨立思考各類媒體平台在廣告經營上存在的問題

【案例導入】

2011年4月，一款名為「捕魚達人」的手機遊戲APP在蘋果應用程式商店中脫穎而出，上線三個月後，總下載量已突破1000萬次，每爆發120萬，每日啟動490萬次，蘋果連續六週在其應用程式商店首頁推薦，曾在30多個國家的App Store中下載排名第一。與這一成績相對應的是這款APP的盈利能力，其在上線的前三個月內就賺取了52.5萬美金，2011年全年收入達到1500萬元人民幣，「捕魚達人」被媒體譽為「最會賺錢的魚」；2012年3月，「捕魚達人」的安裝量已達到6150萬，爆發數為450萬；2013年，據該APP的所有者「觸控科技」負責人透露，該遊戲的爆發超過1000萬，全球收入每月達到628萬美元；2014年7月，第三代升級版本「捕魚達人3」透過蘋果和安卓雙平台發布，在發布後的24小時內，兩個平台的下載量總數已突破千萬，其中安卓版下載量達到545萬，收入為75萬。2014年10月，「捕魚達人3」已獲得4000萬高峰值收入的成績。

「捕魚達人」在各應用程式商店中主要採取免費下載模式，那麼，其究竟靠什麼盈利？據其開發者介紹，目前的所有收入中，7 成收入來源於內置廣告，在未來很長一段時間裡，廣告收入都是「捕魚達人」的主要收入渠道。

透過這個案例，請試著思考：APP 目前作為手機媒體中的最主流的內容載體，其廣告空間究竟有多大？具備哪些傳播優勢和廣告價值？目前手機 APP 廣告市場存在哪些問題？

網際網路的生存模式，一是平台，二是生態圈。顯示出了「平台」一詞目前在網際網路及新媒體領域的應用之廣泛及地位之顯著。「平台」這一概念衍生出的豐富內涵正好切合了新媒體開放、共享等諸多特徵，因此成為新媒體領域中使用頻率極高的詞彙。本章中的新媒體廣告平台，指的是新媒體廣告展示所需要的環境，對應傳統媒體中的「廣告媒體」概念。在傳統媒體時期，一般認為報紙、雜誌、電視、電影、廣播、戶外媒體等是廣告傳播的主要載體；在新媒體領域，如何從新的角度看待新媒體廣告載體，其類型如何劃分，分別有什麼特點，廣告經營現狀如何？這是本章將要探討的主要內容。

第一節 新媒體廣告平台概述

隨著數位技術和網路傳播的發展，「平台」這一概念的提及率和使用率越來越高。在實際運用中，「平台」被使用於諸多領域，比如技術平台、業務平台、通信平台、合作平台、教學平台、交易平台等，在電腦網路領域有網際網路平台、數位平台、雲平台、購物平台、遊戲平台等說法。「平台」具有哪些內涵？新媒體廣告平台具有什麼特點呢？

一、「平台」的內涵

「平台」原是一個具象的概念，有三個基本詞義：一是指高於附近區域的平面，如樓房的陽台；二是指供休憩、眺望用的露天台榭；三是生產和施工過程中為進行某種操作而設置的工作台，有的能行動和升降。隨著電腦技術的出現，「平台」的內涵得以延伸，開始被用以描述電腦硬體或軟體的操

作環境，典型的應用如 Windows 操作平台，人們可以在系統界面上完成各種操作，實現人機對話。後來，「平台」被運用到更多領域，演化成了一個虛擬的空間概念，泛指進行某項工作所需要的環境或條件。黃升民教授認為，平台是一個具有複雜內涵的概念，從思想層面講，它意味著開放、共享、平等；從商場運營層面講，「平台」是有利益、有控制、有競爭性的主體；而上升到國家資訊策略層面，平台的價值則遠遠超出經濟層面，加入了政府資訊監控和公共資訊福利等重要考量因素。也就是說，「平台」用於不同領域或層面，有其不同的內涵。但究其根本，平台具有幾個共同特徵，那就是開放、共享和平等。

從平台的功能屬性看，現代意義所說的「平台」一般具備幾個基本功能：

1. 承載功能

平台就像一個無形的承載工具，資訊、數據、服務、業態等可以依託該承載空間進行呈現或傳輸。

2. 聚合與共享功能

由於平台具有「開放」的特徵，其承載資訊的空間沒有邊界，來自各個層面的資訊或相關內容均可以在相應平台上聚合，在授權許可的條件下可以與他人進行共享，「實現雙邊（或多邊）主體之間的互融互通」。

3. 業務促進功能

任何平台的搭建，都有相應的業務形態，平台則可以用於開展或實施具體的業務，比如新聞類網站平台可以進行資訊發布；購物平台可以方便使用者進行貨品交易；教學平台用於教師和學生開展學習活動；遊戲平台用於遊戲玩家進行遊戲操作等。

二、新媒體廣告平台的概念

既然「平台」泛指進行某項工作所需要的環境或條件，顧名思義，「廣告平台」則是指開展廣告活動所需要的環境或條件。對於傳統大眾媒體而言，

提起廣告平台，想到的必然是報紙、雜誌、廣播、電視等媒體載體。在報刊中，廣告以圖片的方式刊登；在廣播中，廣告以聲音的方式播放；在電視裡，廣告以影片的方式播出。每種媒體形態下的廣告形式互相獨立，易於分類和界定。

而在新媒體領域，基於電腦技術的新型應用和業務形態層出不窮；廣告活動的技術形態、表現形態、傳播形態等也較傳統媒體複雜很多；「新媒體廣告平台」這一概念變得更為複合，提起「新媒體廣告平台」，人們在實際使用中容易聯想到多重意義。

（一）技術平台

技術平台指新媒體廣告發布所需要的技術環境。新媒體是伴隨新技術的發展而產生的全新媒體形態，數位技術、電腦網路技術、行動通信技術是新媒體賴以存在的關鍵技術，因此，新媒體廣告平台有時特定指向為某一類技術環境，如「數位廣告平台」、「行動通信廣告平台」等，可以看作以技術環境為指向的平台劃分。

（二）終端平台

終端平台即廣告展示所需要的硬體環境或終端載具，包括電腦、手機、電視以及其他數位化終端。

在傳統媒體時期，不同的終端平台是相對獨立的，報刊廣告的終端平台是報紙、雜誌；廣播廣告的終端平台是收音機；電視廣告的終端平台是電視機；廣告分別以圖片、聲音、影片這三種不同形式出現於相對應的終端中。而新媒體廣告的終端平台既具有獨立性，又有鮮明的融合性特徵。以電腦和手機為例，兩種終端不僅形態有別、功能不一、各具特色，基於兩種終端開展的廣告活動無論是在廣告表現、廣告投放方式，還是費用計算等方面都是相互獨立的；但是，它們之間又有很強的融合性，同一種媒體產品可以分別開發電腦版和手機版，以不同的形式出現於兩個平台中。

（三）媒體平台

媒體平台即廣告展示所需要的媒體環境，也就是媒體產品。新媒體傳播主體的多元性，直接導致媒體產品具有多元性的特點，不只是以提供新聞資訊為主的入口網站是廣告媒體，購物網站、搜尋引擎、論壇、部落格、微博、微信，甚至一個獨立開發的 APP 程式都可以看成是廣告媒體，這些媒體相當於一個個相互獨立的媒體產品，成為新媒體廣告中的媒體產品平台。比如常說的搜尋引擎平台、微博平台、微信平台指向的即是媒體產品平台。

（四）廣告發布平台

廣告發布平台是指由廣告服務商開發，專門用以連接廣告主與媒體，以實現廣告實時購買和發布的技術平台。由於新媒體的媒體形態數量巨大，廣告環境前所未有的複雜，過去以人工排期的投放方式已完全無法滿足現實需求。隨著廣告的智慧化投放和程式化購買的推進，廣告發布平台發揮著越來越重要的作用。一些主要的網路媒體、互動廣告公司都紛紛開發自有廣告發布平台，以便在廣告發布環節占據主動地位。

本章中所涉及的新媒體廣告平台主要特指第 2 和第 3 層含義，即基於一定的特定的新媒體「終端平台」進行資訊傳播的「媒體平台」。而關於新媒體廣告的「發布平台」，在第七章中有專門分析和論述，本章中不進行贅述。

三、新媒體廣告平台的分類及其特點

鑒於前面的界定，我們可以對新媒體廣告平台的層級關係進行梳理（如圖 2-1）。

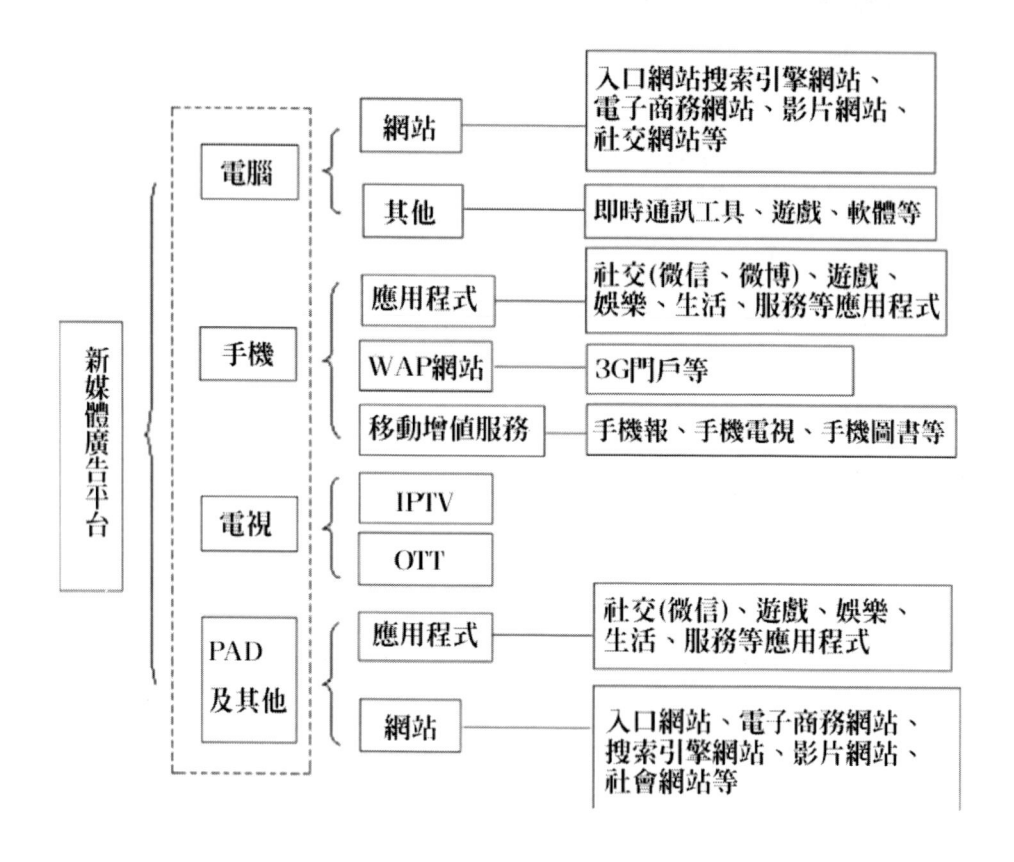

```
                            ┌─ 網站 ──── 入口網站搜索引擎網站、
                            │           電子商務網站、影片網站、
                   ┌ 電腦 ──┤           社交網站等
                   │        │
                   │        └─ 其他 ──── 即時通訊工具、遊戲、軟體等
                   │
                   │        ┌─ 應用程式 ── 社交(微信、微博)、遊戲、
                   │        │              娛樂、生活、服務等應用程式
新媒體廣告平台 ────┤ 手機 ──┤
                   │        ├─ WAP網站 ── 3G門戶等
                   │        │
                   │        └─ 移動增值服務 ─ 手機報、手機電視、手機圖書等
                   │
                   │        ┌─ IPTV
                   ├ 電視 ──┤
                   │        └─ OTT
                   │
                   │        ┌─ 應用程式 ── 社交(微信)、遊戲、娛樂、
                   │        │              生活、服務等應用程式
                   └ PAD ───┤
                     及其他 │              入口網站、電子商務網站、
                            └─ 網站 ────── 搜索引擎網站、影片網站、
                                           社會網站等
```

（一）從終端載體的角度進行分類

從終端載體的角度看，新媒體廣告平台包括電腦平台、手機平台、電視平台、其他數位化終端平台（如 PAD、電子書、戶外數位電子螢幕等），各類廣告平台相比較而言，分別有其獨特的優勢和特點。

1. 基於網際網路應用的桌面電腦平台

電腦是最早的新媒體終端載體，很長一段時間幾乎是新媒體的代名詞。電腦作為廣告平台有如下特點：

(1) 螢幕大，有利於多樣化的廣告表現。相對於手機來說，電腦顯示器螢幕較大，可承載的資訊容量更大，廣告也具有更大的創意空間，容易產生具有強烈的衝擊力和豐富的感官性的廣告，比如畫中畫廣告、插播廣告、全螢幕廣告等，都可以在電腦平台上得以全面展示，有利於塑造產品或品牌形態，同時給閱聽人帶來較好的使用者經驗。

　　(2) 操作方便，有利於廣告資訊的深度傳播。使用者透過滑鼠和鍵盤進行電腦操作，瀏覽和回饋資訊比手機和互動性電視都更為便捷，可以透過廣告的超連結快速進入任何下級頁面，進一步瞭解廣告內容，或進行資訊溝通與回饋，比如可以在瀏覽廣告的同時使用即時通信工具，與廣告主進行在線交流，或直接產生交易行為等。

　　(3) 使用者使用行為更有規律，有利於廣告策劃的整體實施。隨著行動網際網路的快速發展，人們越來越多地把零碎上網時間分配給了行動終端，而相對固定的大段時間留給電腦，電腦漸漸演變成為辦公工具。人們在特定的時間中坐在椅子上透過電腦上網，有相對固定的瀏覽內容，往往在一個頁面上停留的時間更長，注意力更為集中。這些特徵都為一場廣告活動的整體策劃和實施提供較好的條件。

　　(4) 技術上看，透過電腦連接網路有統一的協議，每台電腦有唯一的IP 地址，便於廣告相關數據的統計和監測。

2. 基於行動通信技術和行動網際網路的手機平台

　　手機作為一種媒體，具有個性化、互動性、行動性、人性化等特性，而手機作為廣告平台，其顯著的優越性體現在如下幾方面：

　　(1) 涵蓋人群廣。而從世界範圍看，目前世界 71 億人口中有 68 億手機使用者，前蘇聯成員國的手機普及率最高，平均每個人擁有 1.7 部手機。非洲手機普及率最低，但每 100 名居民中的手機使用者也已經達到 63 個。市場研究機構 Strategy Analytics 調查顯示，2015 年底前全球人口中約有 34.7% 使用智慧型手機，超過全球總人口的 1/3。手機名副其實地成了擁有

最廣泛使用者數的大眾媒體，隨著手機在電子商務、休閒娛樂、社交應用等領域的不斷滲透和發展，其作為廣告平台的價值將越來越凸顯。

圖2-2　中國手機網友規模及其占網友比例

（2）使用者黏著度高。使用者黏著度高一方面是源於手機媒體的行動性和便攜性；另一方面源於智慧型手機成了行動的電腦終端。曾有人提出，手機是「帶著體溫的媒體」，這暗示著手機與人們生活的密切度。對於很多人，尤其是年輕人，手機幾乎是如影隨形。根據 Facebook 和市場研究機構 IDC 的聯手進行的一項最新調查，在 18-24 歲年齡段的智慧型手機使用者中，89% 的人在醒來後 15 分鐘內會查看手機，74% 的人是醒來後馬上查看。正是由於手機的便攜性和行動性，手機平台與使用者之間的黏著度遠超過電腦和電視。

（3）傳播精準性高。由於手機最初是作為行動通信設備而產生的，是人與人之間最重要的聯絡工具，每部手機都對應著一個明確的電話號碼，這也意味著每一個手機終端背後都是實實在在的使用者。而作為廣告投放平台而言，則意味著每一則出現在手機上的廣告與使用者之間是一對一的關係。尤其是基於手機運營商對使用者資訊的掌握以及手機定位等技術的應用，每個手機使用者幾乎都可以被清晰鎖定，透過一系列的定位及數據分析，可以將廣告資訊有針對性地發送給相關的使用者，使得廣告傳播更精準。

（4）互動方式靈活便捷。與電腦相比，手機媒體的互動優勢更為明顯。首先，手機是一個貼身媒體，隨時帶在身邊，且使用者的查看頻率高，這使得手機能帶來的行動互動性更接近於天然面對面互動；其次，從操作上看，使用者透過動動手指或搖搖手腕即可完成互動，可以對自己感興趣的話題進行評論、回饋，還能透過微博、微信等社群網站、應用軟體與朋友分享，實現資訊的二次傳播；再次，隨著行動金融的發展，手機與電子商務緊密結合，可以即時完成交易過程，提高廣告的轉化率。

儘管手機平台有諸多優點，但其螢幕小，廣告位稀缺，廣告表現空間有限，廣告對使用者經驗的影響較大，閱聽人在行動過程中瀏覽資訊，注意力不集中等缺點都是困擾手機廣告傳播的幾個關鍵問題。

3. 基於數位技術和網路技術的電視新媒體平台

電視新媒體，是電視與新媒體技術融合的產物，目前仍處於不斷的發展過程中。電視作為一種媒體終端經歷了從黑白電視到彩色電視，從模擬電視到數位電視，從標清到高清電視等演變過程，過去的電視無論形式和技術如何變化，其傳播方式均屬於單向傳播，是一種傳統媒體。但是，當數位技術、網際網路技術與電視媒體相結合，使用者從被動收看者變成主動搜尋者，電視從播出渠道變成資訊平台，其基因開始發生深刻變化，變身為一種全新的新媒體終端。

電視新媒體的終端載體一般形態為網路電視或智慧型電視，其有如下兩個突出特點：

（1）相對於電腦和手機而言，互動性電視的特點在於螢幕表現空間更大，傳播過程中的抗干擾性更強，更適合於品牌廣告的傳播。

（2）在傳播對象上，一般以家庭為傳播對象，有助於影響家庭行為。新媒體電視作為傳統電視的誕生，家庭使用者依然是其核心閱聽人群，在互動性電視中投放廣告，家庭成員都能接觸到同一個廣告，有助於他們達成較為一致的意見，尤其是對於大宗物品的購買、參與社區活動與交流方面，在互動性電視中投放廣告優勢較為明顯。

4. 其他數位化終端平台

（1）PAD。PAD 是電腦與手機二者融合的產物，既具備手機輕便易攜帶的特點，也具備電腦螢幕大，表現形式豐富的優點。目前，在行動網際網路浪潮洶湧而來的趨勢下，PAD 與手機一樣，已經成為承載行動網路的主要終端平台，網路媒體經營者在開發媒體資源時，除了開發網路版外，大部分都會同時推出手機版、PAD 版，基於 PAD 呈現的廣告也越來越受到廣告商的青睞。

（2）電子書。電子書是專為閱讀圖書設計的一種便攜式手持電子設備，隨著電子書保有量的提升，其作為廣告平台的價值日益顯，以亞馬遜的 Kindle 為例，其每款機器型號都有普通版和廣告版兩個版本，廣告版中一般會在首頁和鎖定螢幕畫面中內置一些廣告，讀者花更少的價格，就可以擁有與普通版完全一樣的終端設備。

（3）可穿戴設備。可穿戴設備是指可直接穿戴在身上的一種智慧化電子產品，其可以透過電腦軟體技術以及基於網路的數據交換技術來實現人們所需要的各種功能。雖然可穿戴設備這個概念在 1960 年代就已經有人提出，但直到 2012 年 Google 推出智慧眼鏡，這個概念才被大眾所廣泛認識和熟悉。近兩年來，隨著網路市場的進一步成熟以及智慧型手機的逐漸飽和，網際網路企業、各國智慧型手機廠商都紛紛進駐這一新興「紅海」產業，推出各種可穿戴智慧產品，如蘋果的 iWatch（智慧手錶）、小米等廠商推出的智慧手環、索尼的智慧頭盔顯示器等，此外，智慧服裝、智慧鞋、智慧頭箍、手套式手機等形態各異的智慧產品也漸漸出現在人們視野中。有人預計，可穿戴式設備未來將會取代智慧型手機在人們生活中的地位。如若真有這一天，其作為一種新媒體平台的潛在廣告價值是不可估量的。

（二）從媒體產品的角度進行分類

媒體產品即具體的媒體形態。以傳統媒體為例，從媒體產品的角度來劃分報紙媒體，有黨報、綜合日報、都市報、財經報、生活消費類報紙等媒體

產品；電視媒體有綜合頻道、娛樂頻道、體育頻道、戲曲頻道等不同的媒體產品。不同終端的媒體產品各成體系，鮮有交叉。

而對於新媒體而言，由於終端平台間的融合性不斷加強，每一種媒體產品都可能以特定的方式出現於不同的終端中（如圖2-3所示），比如入口網站，其在網路媒體中主要以網站的形式呈現，在手機媒體中則以APP為入口，內容上則進行了重新整合；微信，既有手機版也有電腦版；電子商務，基於PC界面誕生，近年來移植到手機，發展迅猛。同時，電腦、手機等終端平台，作為媒體產品的顯示螢幕和終端，有其性質上的共通性，同時，又有各自的特點，如手機媒體作為行動通信工具，還具有通話、簡訊和多媒體功能；互動電視媒體與機上盒相連，作為電視節目的收視載體，也具有功能上的特殊性；電腦更是除了上網功能，還具有辦公功能。正是基於這種在媒體形態上的交融性，終端之間界限的消解性，很難找到一個絕對界限對新媒體廣告媒體平台進行分類。

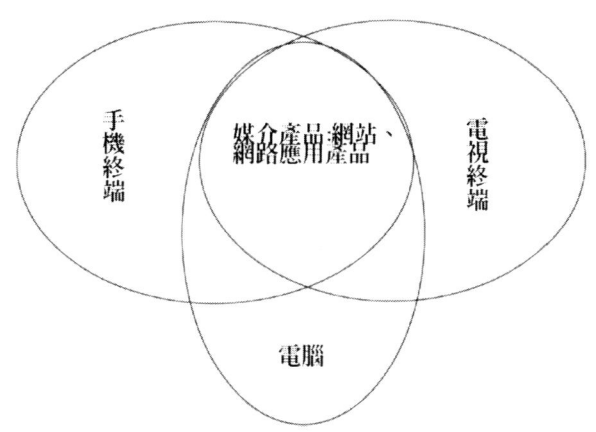

圖 2-3　新媒體關係示意圖

值得注意的是，並不是所有的媒體產品都具有廣告功能或廣告價值，只有那些具備了一定閱聽人規模，並以廣告為主要或重要盈利手段的媒體產品才是真正意義上的新媒體廣告平台。當前，由於廣電系統的政府管控等原因，電視新媒體還處於起步階段，基於電視新媒體的廣告更是鳳毛麟角；一些戶外新媒體也處於探索和過渡階段，廣告形式與傳統戶外媒體差別甚小；而基

於 PAD 平台的媒體產品與網路和手機幾乎重合。總的來說，新媒體廣告的發展與創新主要集中於網路與手機這兩個終端平台，因此本章中主要以網路和手機為重點，對這兩個領域出現的典型媒體產品形態進行歸類和梳理（如圖2-4）。

在網路廣告中，典型媒體平台有入口網站、搜尋引擎、電子商務、網路影片、社會化（社交）媒體、網路遊戲等；手機廣告中，典型的媒體平台有以微博和微信為代表的 APP 應用、以 3G 門戶等為代表的 WAP 網站平台，以手機報紙、手機電視為代表的行動增值服務平台。

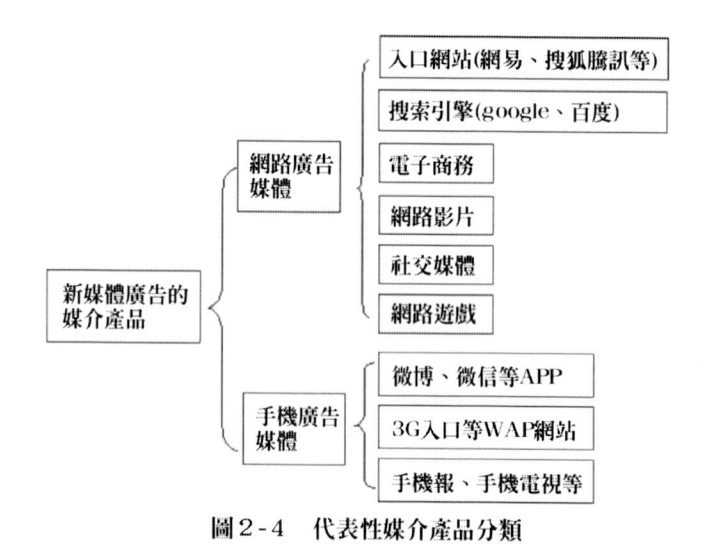

圖2-4　代表性媒介產品分類

第二節 網路廣告媒體平台

網路廣告媒體平台，特指基於電腦或平板電腦等終端來呈現，為網路使用者提供包括新聞、搜尋、娛樂、社交、購物等各項網際網路應用服務，並以此為核心競爭力來博取使用者注意，從而獲得廣告價值的各類媒體形態。以下選取幾種典型的網路廣告媒體平台，對其廣告經營情況進行介紹和分析。

一、入口網站

入口網站是指通向某類綜合性網際網路資訊資源並提供有關資訊服務的應用系統。換句話說，入口網站就是整合了多樣化內容和資源，並為使用者提供綜合資訊服務的一類網路樞紐平台。入口網站有很多種，從創辦者的角度劃分，可分為政府入口網站、企業入口網站、機關團體入口網站、個人入口網站；從主要傳播範圍來劃分，可分為全國性入口網站和地方性入口網站；從入口網站所提供內容的寬度來劃分，可分為綜合入口網站和垂直入口網站；從其營利性質來劃分，可分為商業入口網站和公共政務入口網站等類別。

作為綜合資訊與服務的提供平台，雖然大部分入口網站都擁有為數不少的穩定閱聽人，但並不是所有的入口網站都參與廣告經營活動，只有商業性入口網站才以廣告作為其重要或主要收入來源，因此，後面提到的入口網站均特指參與廣告經營活動的商業性入口網站。

（一）入口網站的廣告經營概況

目前，雅虎（Yahoo）、美國在線（AOL）、MSN是世界上最大的三個綜合入口網站，世界上其他國家大多也有存在具有一定影響力的商業入口網站，如韓國的Naver、巴西的Universo Online（UOL）等。

入口網站起源於網際網路剛剛興起的Web1.0時代，可以說是網路媒體的先行者，在發展初期，由於沒有可借鑑的經驗，其經營模式基本是借鑑傳統的報紙媒體，廣告是其最主要的盈利渠道和收入來源。由於早期競爭者較少，最早一批綜合入口網站在網路廣告市場可謂風光無限，網路廣告幾乎是它們的天下。之後，具有分眾性特徵的各類垂直入口網站開始成長，如IT行業、房產類等，它們對綜合入口網站的廣告市場形成了一定衝擊。

雖然入口類網站的廣告營業額仍處於上升通道中，但隨著搜尋引擎競價排名廣告的起步，影片網站、電子商務等網路應用的迅速發展，加上網路廣告載體的不斷拓展，如桌面軟體、網路遊戲、即時通信、影音播放器等都成為網路廣告的投放載體。在此背景下，綜合入口網站的廣告占比逐漸被侵蝕，其市場占有率也不斷下滑。

（二）入口網站的廣告價值

媒體的廣告價值，指媒體對於廣告主在其平台上投放廣告所能提供的價值，即其是否能準確到達目標消費者，是否能幫助廣告主來影響消費者的態度或行為等。衡量媒體廣告價值的指標很多，在傳統媒體中，收視率、收聽率、發行量、閱讀率、傳閱率、千人成本、結構等均是常用的衡量指標。若結合網路媒體的特點來看，使用者數量、使用者結構、使用者使用頻率、有效接觸率、點擊率、二次傳播率、媒體權威性等都應是衡量的有效標準。

從入口網站來看，雖然近年來其市占率不斷下滑，不可否認的是，入口網站仍然是網路廣告重要的主戰場。這得益於入口網站具備諸多能吸引廣告主進行廣告投放的獨特優勢，主要表現在以下三個方面：

1. 擁有廣泛、相對穩定、多元化的閱聽人

一方面，由於入口網站資訊豐富，綜合型強，網友願意透過入口網站瞭解資訊，並將其作為進入網際網路的一個入口，從而使其擁有了較為廣泛的；另一方面，入口網站起步較早，在網路資源和網路資訊相對匱乏的年代裡，就已經培養出了一大批具有固定訪問習慣的網友，成為入口網站相對穩定的閱聽人群體；此外，與一些網路社群、網路遊戲相比，入口網站的閱聽人群更加多樣化、地域分布廣、年齡層不一、興趣多元，這使得各類廣告主都可以在此找到自己的目標客戶。

2. 擁有可與傳統媒體匹敵的公信力

入口網站作為一個綜合型的樞紐平台，公信力是其一直追求的目標，也是多年積澱的成果。加上其擁有廣泛數量的使用者，在網友輿論監督、使用者評價等外在壓力下，入口網站的公信力更優於其他網路媒體。以綜合入口網站為例，正是基於其公信力，每當有重大事件發生，或重要活動舉辦之際，它們都是品牌廣告主投放網路廣告的主要陣地。

3. 擁有多樣化的廣告形式和相對規範的廣告運作流程

入口網站在廣告經營上起步較早，已經發展出了一系列經過市場認可的，並具有相對統一規格的廣告形式，如選單廣告、焦點圖廣告、視窗廣告、背投廣告、對聯廣告等，給廣告主提供了較大的選擇餘地；同時，入口網站的廣告運作流程相對規範，這使得廣告主，尤其是品牌廣告主在面對魚龍混雜的網際網路媒體時，能迅速找到棲身之所。

（三）入口網站面臨的問題

網際網路的發展日新月異，雖然入口網站出現的時間並不長，但已顯得有些老態龍鍾，甚至有人開始將其歸類為「傳統媒體」。目前，入口網站在發展中面臨著諸多挑戰：

1. 作為網路「入口」的角色被嚴重衝擊，閱聽人被分流

入口網站在創立之初就將自己定位為進入網際網路的入口，利用大量資訊的彙集來聚攏人氣。然而，當 Google 等搜尋引擎興起時，其作為「入口」的角色就已經被弱化，近年來，隨著行動網際網路的迅速發展，使用者進入網際網路的途徑發生了翻天覆地的變化，條條大路通羅馬，微博、微信、彈出窗口、資訊推送等都可以引領使用者進入自己感興趣的領域。人們不再是被動接受資訊，而是主動尋找和過濾資訊，越來越多的使用者開始脫離對入口網站的依賴。

2.「提供大量資訊」的寬泛定位，使其喪失特色

入口網站試圖滿足所有人在各方面的需求，欄目設置上大而全，這種粗放型做法在網際網路初期是深受歡迎的。但是，隨著競爭的激烈化，市場細分和精細化運作成為必然，各領域都出現了能給人們提供更便捷服務的網路應用，入口網站在競爭中逐漸喪失優勢，變得毫無特色。

面對這些問題，各入口網站也在積極尋求變革之路，不斷尋找新的市場和廣告增長點，加強核心競爭力，如網易專注於遊戲領域，新浪極力發展新浪微博，後起之秀騰訊致力於社交廣告和影片廣告等。有人對未來的入口網

站提出預測和期望：未來的入口網站可能不會像現在這樣「龐雜」、「笨重」和「呆笨」，而會變得更加「精準」、「輕巧」和「智慧」；也不會像現在這樣以大量資訊自詡，而是以能夠及時提供使用者真正需要的資訊為榮；它不再是一望無涯需要使用者苦苦尋覓才能找到自己想要資訊的汪洋大海，而是能夠揣摩使用者需求提供貼心服務的「及時雨」。

二、搜尋引擎

搜尋引擎，是指根據使用者需求，以「為使用者提供資訊檢索服務」為主的一類網路應用形式。伴隨著網際網路資訊的日益龐雜，使用者需要一個能夠快速便捷地尋找資訊的渠道，搜尋引擎由此應運而生，按搜尋引擎的工作方式和運行策略劃分，可分為目錄搜尋引擎、全文搜尋引擎、元搜尋引擎三種；按其搜尋範圍來劃分，可分為通用搜尋引擎和垂直搜尋引擎兩種。從全球範圍來看，目前全球最大的三大搜尋引擎品牌分別為 Google、百度、雅虎。其中，Google 在全球搜尋引擎市場中的占有率為 68%，穩坐第一把交椅。

形態各異的搜尋引擎在經營過程中，發展出了多種盈利模式，如技術授權、搜尋收費、廣告聯盟、關鍵字廣告等。對於大部分商業搜尋引擎來說，廣告均是其主要的盈利模式之一。

（一）搜尋引擎網站的廣告經營概況

隨著人們上網模式的改變，從被動瀏覽資訊變為主動搜尋資訊，搜尋引擎發揮著越來越重要的作用。據全球最大網路調查公司 Cyber Atlas 的一項調查表明，網站 75% 的訪問量都來自搜尋引擎的推薦。

從廣告經營上來看，在搜尋引擎誕生的初期，其經營模式較為單一，主要依靠技術授權盈利，即為入口網站及各種需要搜尋技術的網站提供搜尋技術服務，從中收取服務費。1997 年，GOTO.com（後改名為 overture，2003 年被 Yahoo! 收購）最先發明了「付費排名」（Pay For Placement）服務，根據付費多少來決定排名順序。這種盈利模式在開展初期受到了較大

爭議，但很快成為大部分搜尋引擎網站的主要廣告模式。目前，搜尋引擎網站的最核心廣告業務一般分兩種：一種是搜尋關鍵字廣告，一種是聯盟廣告。

從廣告形式上看，到 2005 年，關鍵詞廣告成為僅次於品牌圖形廣告的第二大廣告形式；到 2012 年，關鍵詞搜尋廣告首次超過品牌圖形廣告，成為占比最高的廣告形式。

從市場規模上看，到 2008 年，中國的搜尋引擎廣告市占率第一次整體超過了綜合入口網站的市占率，至今仍維持第一的態勢。（如圖 2-5）

圖 2-5　2008-2015中國網路廣告市場不同類型網站份額

（二）搜尋引擎類媒體的廣告價值

搜尋引擎作為一種新型廣告平台，其不同於入口網站等網路應用的最大特點在於，搜尋引擎擁有「媒體」與「工具」雙重屬性，在廣告傳播上具有獨特的廣告價值。

1. 使用者數量和質量

衡量一種媒體的廣告價值，最重要的要素即是使用者：一是使用者數量；二是使用者質量。使用者數量，即涵蓋率；使用者質量，即使用率。

2. 廣告到達率和轉化率

搜尋引擎的資訊傳播模式決定了其使用者是主動的資訊搜尋者，而非被動的資訊接受者。使用者透過關鍵詞搜尋資訊，傳達出明確需求，搜尋引擎後台透過大數據及語義分析，可以為廣告主進行精確的使用者匹配，從而提

高廣告的有效達到率，實現廣告資訊的精準傳達。此外，由於使用者搜尋資訊時帶著明確的個人需求，因此點擊廣告的可能性更大，轉化率必然比被動接受資訊時更高。

3. 廣告成本與性價比

搜尋引擎廣告不同於入口網站等媒體的另一個顯著特點在於其廣告成本低廉。搜尋引擎作為媒體平台，其容量或廣告版面的無限性決定了其低廉的投放成本，每一個關鍵字都是一個廣告機會，任何人在其廣告投放平台上填寫一份資料即可實現廣告投放，廣告門檻無限降低。同時，搜尋引擎一般採用 CPC（按點擊率）付費，使用者點擊後才產生廣告費用，避免了廣告浪費，這對於中小型廣告主而言無疑提高了廣告性價比，具有極大的吸引力。

4. 易於回饋的廣告效果

由於搜尋引擎中的廣告一般按點擊率付費，對於廣告主來說，透過點擊率來得到廣告回饋，一目瞭然。

總的來說，關鍵詞廣告給數以萬計急於尋找機會的中小企業提供了廉價又便捷的展示機會；聯盟廣告給眾多中小網站提供了流量導入機會。使用者的聚集、廣告主的認可、中小型網站平台的擁護共同促進了搜尋引擎網站廣告經營的持續發展。

（三）搜尋引擎在廣告經營上面臨的問題

搜尋引擎在發展過程中，尤其是在廣告經營上，目前存在以下幾個突出問題：

1. 廣告的真實性問題

搜尋引擎目前透過競價排名決定展示順序的推廣模式，任何人只需要付足夠多的費用，即可將自己的資訊置於最明顯的版位。這就導致一些虛假廣告的產生，當使用者在搜尋引擎中輸入「電器維修」時，出現在第一個的可能是 400 開頭的騙子資訊；輸入「南航改簽」，出來的可能是釣魚網站；而

廣告費用與真實性之間的矛盾最為突出的是醫療行業，當輸入「皮膚病醫院」時，出來的不一定是真正醫療水準高的醫院，而是廣告推廣費用最多的私人診所，這種資訊不對稱容易耽誤病人的病情，造成更大的醫療糾紛。若廣告的真實性問題得不到有效解決，長此以往，可能面臨失去使用者信任的危機。

2. 惡意點擊問題

對於搜尋引擎網站來說，無論是關鍵字廣告還是廣告聯盟，基本上都是採取的按點擊付費，因此每一次點擊就意味著一定數額廣告費的支出。搜尋引擎網站的惡意點擊問題一直以來就存在，或是競爭者為了耗完對手的廣告費用以使自己的廣告排名上升；或是聯盟網站為了獲取佣金分成；或是競價排名代理服務商所為；抑或對廣告投放者的報復行為等。惡意點擊行為難以杜絕，也直接打擊了廣告主對搜尋引擎廣告的積極性。

3. 對隱私權的侵犯問題

搜尋引擎透過跟蹤搜尋者的搜尋記錄，來分析使用者的興趣、愛好、信仰等個人特徵，並將此資訊變相賣給廣告商，作為廣告投放的主要依據。例如，當使用者利用搜尋引擎搜尋「減肥」、「整容」等資訊後，下次當他打開網站時，映入眼簾的幾乎全部是與減肥和美容相關的廣告。這種現象已經構成了對使用者隱私權的侵犯，但是由於目前法律監管的缺失，網站的法律責任尚未明確。但是隨著法律體系的逐漸健全，搜尋引擎網站面臨的對使用者隱私權的侵犯問題將面臨巨大的壓力。

三、電子商務平台

電子商務平台是指在網際網路環境下，為買賣雙方提供包括網上交易、電子支付及各類相關綜合服務的網路平台。電子商務平台有多種模式，如 B2B（Business-to-Business：企業對企業）平台、B2C 平台（Business-to-Consumer：企業對消費者）、C2C（Consumer-to-Consumer：個人對消費者）、O2O（Online to Offline：線上對線下）、B2G（Business-to-Government：企業對政府）、B2F（Business to Family：商業機構對家庭）等。亞馬遜、易趣、淘寶、京東商城等均為電子商務平台的典型代表。

電子商務作為一種網路應用，起步相對較晚。目前，從全球範圍來看，電子商務的發展如火如荼，網上購物已成為人們習以為常的生活方式。

（一）電子商務平台廣告經營概況

在電子商務起步初期，大部分服務提供商的盈利模式主要以銷售盈利、交易佣金、會員費等為主。隨著網路購物使用者及商家的日益增多，電子商務平台除了單純的電子商務功能外，開始逐漸具備傳播資訊的媒體功能。一些使用者規模較大的電子商務平台服務商，如亞馬遜、阿里巴巴等，憑藉其多年積累起來的使用者數據、商家數據以及巨大的網路流量，開始探索帶有媒體印記的廣告經營之道，將買家的搜尋需求與賣家的行銷需求相結合，找到了一些獨特的廣告經營模式。

目前，電子商務平台的廣告經營模式主要有幾種：一是關鍵字搜尋廣告。其主要針對平台上的賣家，透過對關鍵字的出價多少，決定是否能在買家搜尋到這個關鍵字時，出現在相應的推薦版位上（如圖2-6）。二是展示類廣告。即在平台中開闢若干展示位，廣告主將自己的商品或店鋪以展示廣告的形式出現在特定廣告位中（如圖2-7）。三是聯盟廣告。其是指利用購物平台開發的系統，將商家的廣告投放到聯盟網站上，以增加曝光範圍的一種廣告形式，購物平台獲取點擊分成。

圖2-6　東京的關鍵字競價廣告　　　圖2-7 亞馬遜展示廣告

（二）電子商務平台的廣告價值

電子商務平台的廣告主主要是在該平台銷售商品的商家，對於他們來說，電子商務平台的廣告價值非常明顯，主要體現在如下幾個方面：

1. 擁有明確的潛在消費者

凡是在電子商務平台購物並透過關鍵詞搜尋某商品資訊的使用者，一般來說即被搜尋商品的潛在消費者。透過電子商務平台發布廣告，可以基於該平台的消費者註冊、瀏覽、搜尋、購物等全方位資訊，幫助廣告主準確而迅速地鎖定目標消費者，這也是電子商務平台最具競爭力的優勢所在。

2. 廣告點擊率高、效果即時、轉化率高

廣告主透過電子商務發布廣告的目的非常明確，即促進產品銷售。而登錄電子商務網站上並瀏覽商品資訊的使用者，其直接目的則在於尋找到滿意的商品並進行購買。因此，一旦使用者在網路上看到自己曾搜尋過的某商品資訊時，即有很大的機率會點擊並直接下單完成購買。艾瑞曾經做過一次關於網友關注與點擊廣告的情況調查，結果顯示，購物類網站的廣告關注度與點擊率都是最高的（如圖2-8）。而當帶著明確或潛在購物目的的使用者點擊商品資訊後，若對該商品表示滿意，則很可能直接下單購買，廣告效果則即時體現在銷售數據上。比如淘寶中的鑽石展位廣告，有很大一部分廣告商品最後成了銷售「爆款」，廣告效果不言而喻。

2013年中國網友關注與點擊廣告的網站情況

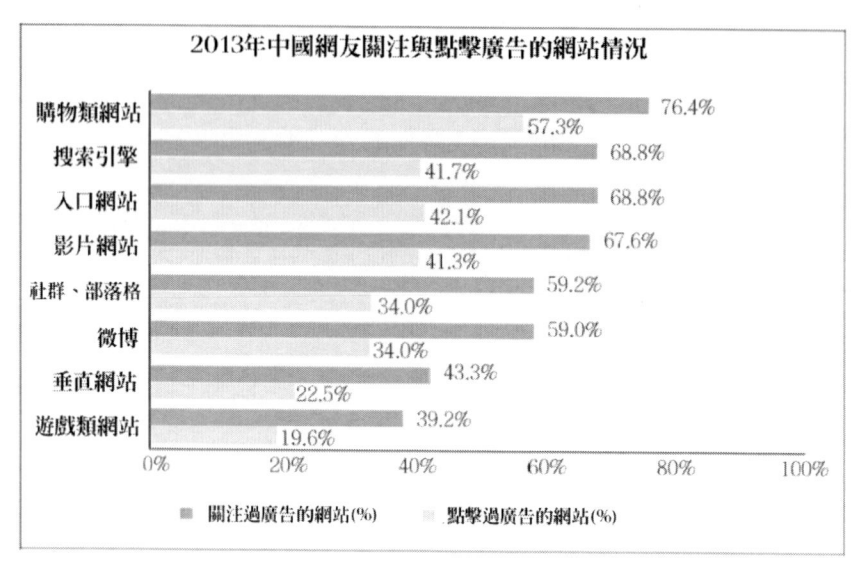

網站類型	關注過廣告的網站(%)	點擊過廣告的網站(%)
購物類網站	76.4%	57.3%
搜索引擎	68.8%	41.7%
入口網站	68.8%	42.1%
影片網站	67.6%	41.3%
社群、部落格	59.2%	34.0%
微博	59.0%	34.0%
垂直網站	43.3%	22.5%
遊戲類網站	39.2%	19.6%

圖2-8　2013年中國網友關注與點擊廣告的網站情況

（三）電子商務平台廣告的問題

電子商務平台的廣告經營與入口網站、搜尋引擎等媒體形態最為顯著的區別在於，電子商務平台主營業務的發展對廣告經營有巨大的影響。由於電子商務平台屬於閉環式經營模式，若經營得當，容易形成良性循環，即電商平台使用者增多，刺激商家增多，商家增多反過來帶動使用者增多，在這種情況下，商家會積極開展廣告活動來宣傳自己。反過來，則會形成惡性循環。因此，電子商務類廣告的發展極為不均衡。電子商務平台必須不斷做大，才能擁有巨大的流量和廣告潛力。

四、網路影片平台

網路影片是指由網路影片服務商提供的、以流媒體為播放格式、可以在線直播或點播的聲像文件。目前，提供網路影片服務的平台主要有網路電視台和專業影片網站。

主流的網路電視大多依託傳統的媒體機構，其主要運營模式是將傳統電視台的內容以數位化形式放在網路上播出。

專業影片網站是指在一定的技術平台支持下，專門為使用者提供各類網路影片服務的專業網站。專業影片網站有多種類別，有影片分享類網站，使用者可以在線觀看、發布、分享影片作品，如美國的 LULU、YouTube，中國的優酷土豆等；還有影片直播類網站，如 PPTV 等。目前，世界上最大的影片網站是 YouTube，此外，中國的優酷土豆、美國的 VEVO、Facebook、日本 Dwango 也是排名靠前的幾大影片網站。

2006 年底，Google 以 165 億美元收購了美國最大的影片網站 YouTube，讓人們看到了這一領域的巨大商機。影片網站在發展過程中經過了多輪洗牌，最後從百家爭鳴變為幾枝獨秀。尤其是隨著使用者對影片網站的認可度不斷提高，傳統電視台、入口網站、搜尋引擎等機構紛紛進軍這一領域，造成影片網站群雄割據的局面。

（一）網路影片平台的廣告經營概況

目前，網路影片平台的盈利模式有多種，包括版權分銷、免廣告會員收費、收費觀看、各類增值服務、廣告刊播等。但是，在影片網站發展初期，曾經歷過一段十分困難的時期，影片網站一度被認為是「燒錢機器」，盈利模式不清晰，廣告模式得不到廣告主認可，大部分影片網站虧損嚴重，投資者持謹慎態度，大量影片網站由於經營困難而關閉。規模較大的影片網站一般把盈利重心放在版權分銷和收費觀看等項目上；而依託電視台的網路電視只是把自己當成電視節目的網路播出平台，經營意識不強。

2008 年以後，隨著一大批影片網站的倒閉，影片行業集中度越來越高，加上網際網路巨頭的介入，在資本運作的帶動下，影片網站進入了快速發展期。節目類別的日漸豐富、使用者規模不斷擴大，網站經營者紛紛組建廣告銷售團隊，把重心放在了廣告經營上，發展出了插入廣告、暫停廣告、頁面展示廣告、焦點廣告、種子影片廣告等多種形式，影片廣告逐漸受到廣告主的青睞，網路影片行業廣告獲得了迅速發展。

可以預計，未來幾年，隨著影片節目向手機、電視等多螢幕轉移，影片行業將迎來新的發展機遇。有分析指出，影片插入廣告將是未來網路廣告市

場的主要增長力量。到2017年，中國影片廣告的市場規模將達到282.2億元。（如圖2-9）

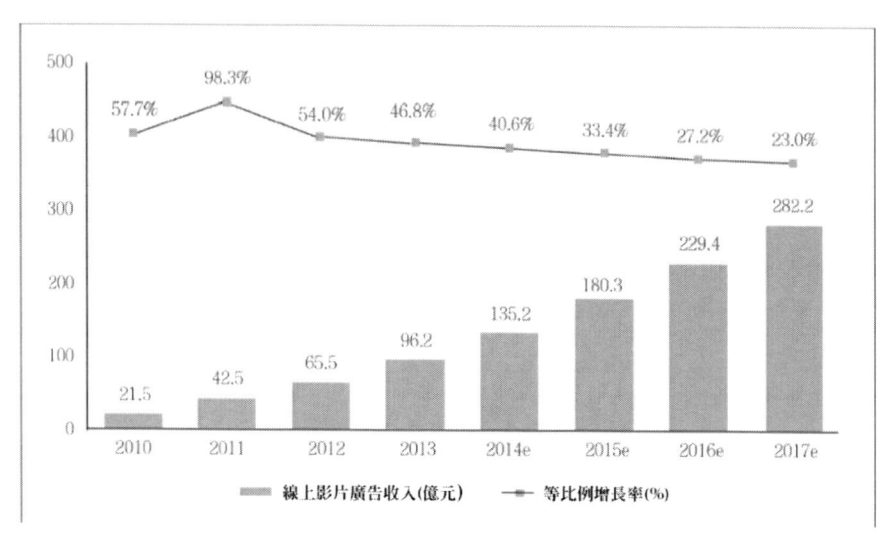

圖2-9　2010－2017年中國線上影片行業廣告市場規模

（二）網路影片平台的廣告價值

網路影片平台集合了Web網站和電視媒體的雙重特點，既可以像入口網站一樣發展圖形展示類廣告，也可以在影片播放過程中插播類似電視媒體的影片類廣告。但是網路影片廣告直到近幾年才獲得廣告主的認可，對電視廣告形成了巨大衝擊，主要源於當前網路影片平台擁有如下廣告價值：

1. 網路影片使用者規模大、集中度高

由於目前影片網站處於寡頭競爭階段，市場集中度高，因此網路影片使用者主要集中在幾大主要的網路影片平台上。

2. 網路影片廣告性價比高、涵蓋精準

網路影片平台的主要廣告形式為影片插入廣告，相對於動輒幾十上百萬的電視廣告而言，網路影片廣告費用相對較低。網路影片廣告一般按照CPM（千次展示：Cost Per Mille）收費，遠遠低於電視媒體的費用。此外，網

路影片廣告可以根據使用者 IP 地址分地區投放，隨著程式化投放的興起，還可以實現針對特定目標人群的精準投放，無疑對廣告主具有巨大吸引力。

3. 網路影片廣告具有品牌傳播優勢

自網路廣告誕生以後很長時間，品牌廣告主對網路廣告的投放持謹慎態度，最主要的原因在於網路媒體秩序較為混亂，網路廣告環境良莠不齊，除了少數入口網站外，品牌廣告主難以找到適合於品牌傳播的廣告媒體和廣告形式。對於影片類網站而言，過去曾經歷過盜版嚴重、內容低俗等問題，但隨著國家管理部門三令五申對影片行業的規範化管理，加上影片行業本身的優勝劣汰，使得目前整個網路影片行業得到了極大提升，適合於品牌廣告主開展廣告傳播。此外，影片網站中的主流廣告形式是影片廣告，其本身較之於圖形廣告具有更強的表現力，在塑造品牌方面更具優勢，因此深受廣告主歡迎。

4. 跨螢幕延伸趨勢使網路影片潛力巨大

隨著手機媒體的發展，以及基於電視媒體的智慧設備的發展，影片內容向行動端和電視端延伸已成為不可逆轉的趨勢。從 2013 年底開始，已經有一批影片網站開始布局基於 PC、手機、PAD、電視等多螢幕的一體化策略，一旦網路影片占領電視，其將凸顯更大的媒體價值。

（三）網路影片平台存在的問題

在網路影片行業及網路影片廣告快速發展的過程中，也漸漸暴露出了一些可能阻礙其未來進一步發展的問題，主要有如下兩個方面：

1. 影片網站同質化現象嚴重

目前，從各個主要影片平台的影片內容和經營方式來看，同質化現象比較明顯，雖然大部分影片網站都重視獨播劇的引入和自制劇的製作，但從總體上說，普遍追求影片內容的大而全，差異化不明顯。

2. 非理性逐利心理影響使用者經驗

當影片網站的廣告逐漸增多時，開始產生一個現象，即插入廣告的時間越來越長，尤其是部分影片網站的獨播劇或熱播劇，插入廣告時長甚至達到了 2 分鐘，使用者在觀看影片前必須無可奈何地被迫接受廣告資訊，嚴重影響使用者經驗。在網際網路時代，失去了使用者也意味著失去了市場。

第三節 手機廣告媒體平台

手機廣告媒體平台，特指以手機為終端來呈現，具有資訊承載或服務提供功能，並能以此博取使用者注意力，從而獲得廣告價值的媒體形態。

由於手機終端具有作為通信工具和行動網際網路終端雙重功能，因此基於手機終端的媒體產品也具有雙重形態。一種是基於行動網際網路而產生的媒體產品，如 WAP 網站、手機 APP、行動影片、行動搜尋等；另一種是由行動通信公司主導的，以行動增值服務為特徵的媒體形態，如手機報、手機電視等，本章中統稱為行動增值服務平台。近年來，行動網際網路以壓倒性優勢逐漸取代手機作為通信工具的功能，行動網際網路廣告增長迅猛，尤其是行動搜尋廣告、影片廣告、APP 廣告市占率持續增長，而手機 WAP 網站廣告市占率不斷下滑，各類基於行動增值服務的廣告經營更是舉步維艱。

本節中重點選取幾類有代表性的手機廣告媒體平台加以介紹。目前發展迅速的行動搜尋、行動影片由於相當於網路搜尋和網路影片的延伸，在上一節中已有涉及，這裡就不贅述。

一、手機 APP

APP，英文全稱為 Application，是隨著智慧型手機的出現而產生的，主要用於智慧型手機、平板電腦等終端，可以作為網際網路入口的客戶端應用程式。APP 的應用，極大地優化了使用者在使用智慧型手機等行動媒體上的體驗，過去需要在手機瀏覽器中輸入網址才能查看網站資訊，有了 APP 作為載體後，一鍵即可直達內容。目前，APP 已經成為智慧型手機中最為主流的資訊入口和內容載體。

第三節 手機廣告媒體平台

蘋果公司是手機 APP 模式的開創者，APP 一般透過應用程式商店下載，世界上第一家 APP 商店是蘋果公司於 2008 年 7 月 11 日推出的基於蘋果 iOS 平台的 App Store。App Store 是一個開放式的應用軟體平台，在這個平台上，開發者可以利用蘋果公司提供的應用開發包（SDK）開發 APP 並上傳，使用者可以有償或無償地直接將 APP 軟體下載到手機等行動設備。App Store 推出後，市場反響極為熱烈，到 2009 年 1 月，僅半年時間，應用程式商店已經超過 1.5 萬個應用程式，超過 5 億次下載，幾年來，這兩項數位仍呈幾何倍數增長（如表 2-1 所示）。

表 2-1 蘋果 App Store 應用程式及下載數目

日期	應用程式數目	累計下載
2008 年 7 月 11 日	500	0
2008 年 7 月 14 日	800	10 000 000
2008 年 9 月 9 日	3 000	100 000 000
2009 年 1 月 16 日	15 000	500 000 000
2010 年 1 月 5 日	100 000+	3 000 000 000+
2011 年 10 月	500 000+	18 000 000 000+
2012 年 6 月	650 000+	35 000 000 000+
2013 年 6 月 11 日	900 000+	50 000 000 000+
2014 年 7 月	1 200 000+	75 000 000 000+

蘋果在 App Store 模式上取得的巨大成功，吸引了包括行動運營商、手機生產商、第三方等多股力量進軍這一市場，開發自己的軟體應用程式商店，如 Google 公司基於安卓平台的 Google play 應用程式商店，藍莓的 Black Berry App World，微軟的應用程式商城等。而從開發者來看，很多爆款 APP 讓開發者品嚐到了一夜暴富的滋味，在這種刺激下更多後來者加入了開發隊伍，APP 程式數量越來越多。2014 年，Google Play Store 的應用數量已達到了 143 萬，首次超過 Apple Store 的數量。而亞馬遜商店的應用數量也達到了 39.3 萬，排名第三。市場研究機構 Gartner 預測，到 2017 年之前，行動應用的下載量將超過 2680 億次，行動使用者每天向超過 100 款應用和服務提供個性化數據流，這將增加更多的創收機會。

從 APP 的內容來源和涵蓋面上看，目前，APP 的開發者主要包括網際網路公司、行動創業公司、傳統企業以及個人開發者，APP 的內容已經遍及各個領域。首先，凡是網際網路上存在的，幾乎都開發了基於智慧型手機的 APP 入口，包括入口網站、新聞網站、垂直網站、搜尋引擎、網路影片、電子商務、行動社交等所有領域；其次，數量眾多的行動創業公司和個人開發了無數完全植根於智慧型手機的 APP，內容包括生活服務、娛樂、社交、遊戲、行動支付、即時通信等各個方面；再次，很多傳統行業，也希望在這一次浪潮中搭藉 APP 的快車，走出與行動媒體融合的一步，紛紛開發自有 APP。

從 APP 的內容應用上看，越來越多具有較高技術含量，兼具實用性和交互性特徵的 APP 產生，很多 APP 與人們的健康、生活、工作、學習緊密相關，它們豐富了手機對於使用者的意義，使用者下載具有較高的使用頻率，並容易形成使用習慣，從而使他們擁有一批較為穩定的使用者群。圖 2-11 是調查機構發布的 2015 年 1 月份中國移動 APP 使用者數和活躍度在前 20 名的榜單。

2018年9月行動應用APP TOP1000排行榜

排名	APP名稱	月活躍人數(萬人)	環比變化(%)
1	微信	91,494.0	-0.18%
2	QQ	57,442.6	-0.90%
3	愛奇藝	55,315.6	-3.58%
4	淘寶	51,063.8	-0.39%
5	支付寶	49,826.3	-2.51%
6	騰訊視頻	46,256.1	-5.17%
7	優酷	40,663.4	-5.00%
8	微博	37,961.3	-7.71%
9	WiFi萬能鑰匙	35,132.5	-4.72%
10	搜狗輸入法	32,366.2	-3.71%
11	手機百度	31,929.2	-3.66%
12	高德地圖	28,095.5	3.89%

13	QQ瀏覽器	28,027.6	-3.17%
14	騰訊新聞	27,723.5	-3.85%
15	今日頭條	27,400.6	-3.81%
16	應用寶	27,081.2	0.69%
17	騰訊手機管家	25,174.2	1.30%
18	快手	25,041.4	-3.13%
19	百度地圖	22,570.3	2.16%
20	QQ音樂	22,288.4	-8.79%
21	酷狗音樂	22,166.3	-6.46%
22	東京	20,421.5	2.65%
23	抖音	20,383.8	-7.22%
24	UC瀏覽器	18,082.9	1.68%
25	360手機衛士	16,562.7	3.98%
26	全民K歌	15,145.9	-4.02%
27	拼多多	13,800.2	-1.04%
28	美團	13,368.6	-8.98%
29	火山小視頻	12,361.7	-3.51%
30	華爲應用市場	12,184.8	0.25%
31	西瓜視頻	11,867.6	0.52%
32	美圖秀秀	11,853.3	-7.68%
33	墨跡天氣	11,381.8	-2.33%
34	OPPO應用商店	11,126.5	-0.70%
35	獵豹清理大師	10,941.0	1.16%
36	滴滴出行	10,777.5	-14.50%
37	酷我音樂	10,647.9	-5.17%
38	360清理大師	10,084.6	2.00%
39	360手機助手	9,805.3	2.79%
40	騰訊Wifi管家	9,403.4	0.56%

圖2-11　2018年中國APP排行榜前40名

（一）手機 APP 廣告發展概況

豐富的內容，規模龐大的使用者群，巨大的流量，形態各異的交互方式，使得 APP 這一媒體載體具有了廣告媒體的價值，並且在近幾年來被越來越多的廣告經營者和廣告主所關注。

1. APP 廣告的興起與發展

APP 廣告是指利用行動應用程式這一媒體載體開展的廣告活動，是隨著 APP 的出現而產生的。在美國，較早從事 APP 廣告經營活動的是 Ad Mob 平台。

隨著 APP 的日益普及，人們對行動網際網路認可度的提高，以及行動應用廣告平台的成熟，近幾年來，行動 APP 廣告的市場規模迅速壯大。2013 年中國移動應用廣告平台市場規模為 13.5 億，較 2012 年增長 265.2%。預計 2016 年將達到 127.6 億元。而從 APP 廣告在行動行銷市場的整體占比來看，也是處於連年上升的趨勢，從 2011 年的 7.2% 上升為 2014 年的 19.8%，僅次於行動搜尋廣告的市場占有率（如圖 2-12）。

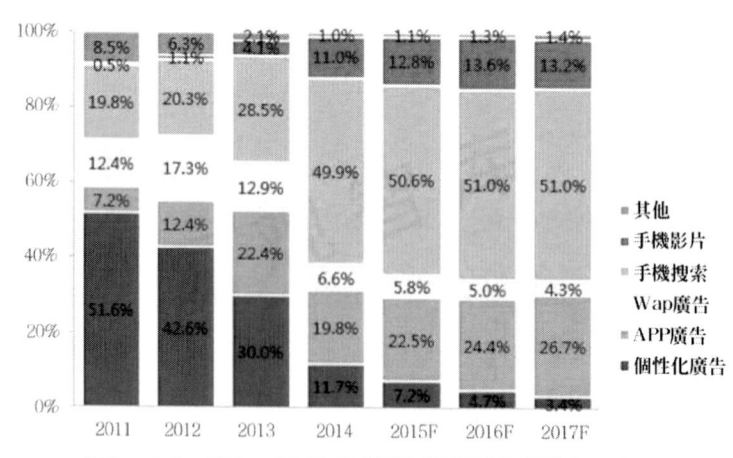

圖 2－12　2011－2017 年中國移動行銷市場結構及預測

從廣告主構成看，目前 APP 廣告的廣告主仍然以行業內廣告主為主，尤其是手機遊戲廣告投放量最大。部分品牌廣告主已經逐漸認可並嘗試投放，如汽車、快消、日化、IT、金融、房地產類廣告主均開始投放 APP 廣告。

2.APP 廣告經營模式

從 APP 所有者或經營者的角度看，發展 APP 廣告業務的模式有多種：

第一種是將 APP 接入行動應用平台，透過平台進行廣告分發，由平台收取廣告費，按一定的分成比例支付給 APP 開發者。一般來說，個人開發者比較熱衷於採用這種模式獲取廣告收益。

第二種是自營廣告業務。即自己成立廣告銷售團隊，自定廣告標準和廣告形式，直接面向廣告主或廣告代理公司開展廣告業務。一般來說，擁有較強實力的 APP 開發企業常採用這種方式，如今日頭條、微博、微信等都是自營廣告業務。

3.APP 廣告發布模式

從廣告主的角度看，透過 APP 進行廣告宣傳一般有如下兩種模式：

一種是將自己產品或品牌資訊發布到與目標閱聽人相關的 APP 應用程式中，廣告形式有橫幅廣告、插播廣告、螢幕上下方留白處的廣告連結、圖形展示廣告、品牌插入廣告等。

另一種是設計開發品牌自有 APP，在 APP 中內置品牌資訊，如品牌動態、近期活動、產品介紹等，然後將其上傳到各應用程式商店，供使用者免費下載，讓使用者透過該 APP 瞭解該品牌或產品。也就是說，APP 與廣告合一化，APP 本身就是一個廣告產品。

（二）手機 APP 的廣告價值

APP 被認為是目前最重要的手機媒體載體，APP 廣告是行動網際網路領域最具發展潛力的一支力量。從廣告運營的角度看，APP 平台具有如下廣告價值：

1.APP 常常擁有忠實而穩定的使用者群

有數據顯示，2014 年行動網際網路使用者平均每天啟動 APP 的時長達 116 分鐘，接近 2 小時，行動網際網路使用者的 APP 使用呈現高集中化，經常使用 1-5 個的 APP 占比最大，接近一半。

雖然目前 APP 數量眾多，使用者群體極為碎片化。但是，使用者一旦下載了一個 APP 且體驗良好，可能會在手機上保留較長時間；若該 APP 與日常生活或工作息息相關，則很容易固化使用者使用習慣，成為時時關注的貼身媒體。

2.APP 擁有更大的廣告表現空間和更多互動可能

隨著技術的發展，基於手機 APP 的廣告相對於網路廣告而言擁有更大的表現空間和互動可能。應用於手機上的人臉識別技術、增強現實技術、重力感應技術等，都可以與廣告表現相結合，如曾經有一則利用增強現實技術發布的汽車廣告，使用者在閒暇等待時，打開廣告頁面即可感受到駕駛虛擬汽車的樂趣。此外，手機裡內置的傳感器，具有如助地感應、導航儀、紅外探測等功能，給使用者提供了多種交互方式的可能，使廣告更具有趣味性。

3.APP 使更精準的投放成為可能

相對於網路媒體而言，透過 APP 投放廣告，使精準投放更上一個台階。由於手機媒體的隨身性，手機 LBS 技術的應用，使廣告甚至可以精準到具體幾十公尺範圍的地理位置，有數據證明，當打折資訊地點在使用者 500 公尺範圍內時，廣告響應率是一般廣告的 12 倍。

此外，APP 作為與手機使用者關係最為密切的媒體形式，APP 的下載和使用能反映出使用者的行為習慣、興趣愛好、生活方式等全方位資訊，透過對這些數據的分析，可以做到使用者與廣告主資訊更為精準的匹配。

（三）手機 APP 廣告存在的問題

由於 APP 廣告從很大程度上代表了行動網際網路廣告的未來，從其生態系統來看，涉及 APP 應用開發者、行動應用平台經營者、廣告主、使用者等多方面力量的共同作用，因此對於目前 APP 媒體的發展及廣告運營中存在的問題也應從多個角度來看：

1. 從使用者使用層面看

第一，使用者對 APP 媒體擁有生殺予奪的大權，由於 APP 是使用者在手機上自主安裝和使用的媒體，私人化程度較高，可隨時安裝亦能隨時刪除；第二，儘管使用者使用 APP 的頻率較高，但每個 APP 停留的時候有時僅有幾分鐘或幾秒鐘時間；第三，由於手機螢幕較小，使用者對安置其中的廣告資訊極為敏感，廣告接受度有限。由於使用者的個人體驗對於該媒體存亡及其價值具有決定性意義，因此 APP 廣告如何在使用者接受度範圍內發揮作用，讓使用者能夠愉悅地接受廣告，是目前的一個考驗。

2. 從 APP 應用開發者的角度看

如何讓自己的應用從多如牛毛的 APP 中脫穎而出，並與使用者建立穩固的聯繫，保持 APP 的生命力，是一個巨大挑戰。有調查顯示，在目前動輒上百萬的 APP 中，其中一大部分屬於「殭屍 APP」，也就是說在很長時間內幾乎沒有使用者下載或使用；還有一類 APP 紅極一時，但最後由於功能單一、使用者黏著度不高，使用者試用後玩膩了即將其刪除，曇花一現後使用者群迅速減少，廣告價值也隨之下滑，比如「臉萌」、「魔漫相機」等。

3. 從廣告主層面來看

目前大部分廣告主，尤其是品牌廣告主對 APP 廣告的認可度還不夠高，仍然處於探索嘗試階段。

4. 從行動應用廣告平台來看

目前接入平台中的 APP 以長尾流量居多，而知名度較高的優質 APP 相對較少，這也直接導致了廣告主對行動應用平台的廣告涵蓋面存在一定的質疑和顧慮。此外，大部分行動應用平台的功能還不夠完善，對於廣告效果的評估指標較為單一，目前點擊量是 APP 廣告的一個主要評價指標，但是據調查，使用者對 APP 廣告的點擊量是非常低的，是不是沒有點擊量，廣告就完全沒有效果？展示型廣告效果如何評估？這都是值得重視的問題。

二、行動增值服務──手機報

行動增值服務，是指以電信運營商為主導，基於無線網路，在其基本業務（語音通話業務）的基礎上，對手機使用者提供的各項其他服務。行動增值服務的種類繁多，包括語音增值服務（多方通話、IVR 等）、消息類服務（簡訊、多媒體、行動 IM）、影片類服務（影片通話、影片點播等）、音樂類服務（手機彩鈴、手機音樂等）、遊戲類服務（手機遊戲等）、行動辦公類服務（簡訊平台、行動影片會議等）、手機出版類服務（手機報、手機電視）等。在諸多增值服務形態中，僅有手機出版類服務具有媒體產品的基本特徵，有以廣告作為盈利模式的潛力，這裡重點介紹手機報增值服務。

手機報是由電信運營商、網路服務商以及傳統報紙媒體三方合作，由傳統媒體提供內容，電信運營商和網路服務商提供渠道和技術支持，透過無線技術平台，將資訊資訊以簡訊、多媒體、WAP 等方式發送到使用者手機的一類行動增值服務，發送的內容涉及新聞、時政、文體、人文、生活、時尚等多方面資訊。

第三節 手機廣告媒體平台

圖2-13　電信手機報宣傳海報　　圖2-14　《健康時報》手機報

（一）手機報發展概況

日本是最早探索手機報模式的國家，1999 年，日本最大的電信運營商 NttDoCoMo 就退出了基於 I-MODE 技術的手機簡訊報增值業務。《讀賣新聞》、《朝日新聞》、《日本經濟新聞》等報社都與電信運營商合作推出了手機報。

手機報這一媒體形態的產生並不是偶然的，其背後有多方面的原因：

一是網際網路媒體的興起給人們的資訊獲取方式帶來了巨大變化，傳統紙質媒體在網路媒體的衝擊下，影響力急遽下滑，焦灼於尋求新的出路。

二是手機保有量的急遽增長，手機被視為繼網路媒體後的「第五媒體」。

三是電信運營商推出了多媒體資訊服務，使手機所承載的資訊量大大提高。

在這種背景下，傳統媒體人對手機媒體寄予了很大希望，在大部分傳統媒體開發「報紙網路版」成效甚微時，其與電信運營商在手機媒體領域的合作可以稱為是各取所需、一拍即合。

從手機報的呈現方式來看，有簡訊版、多媒體版、WAP 網站版、IVR 語音版四種，但由於簡訊版資訊承載形式單一、語音版流量太大，因此，目前最主流的手機報採用的是多媒體版和 WAP 版。

近年來，隨著 3G 業務的開通，智慧型手機的普及，任何媒體都可以越過電信運營商直接接入行動網際網路，幾乎所有的網路媒體都開通了基於手機終端的入口，手機報的退訂率持續升高，使用者不斷減少，發展陷入困境。

（二）手機報的盈利模式及廣告經營情況

手機報的盈利模式主要有三種：

1. 收取使用者訂閱費

由於手機報是使用者透過訂閱的方式向電信運營商申請，從第一家手機報誕生開始，收取使用者訂閱費就成了一種最主流的盈利模式。一般而言，手機報的訂閱費按月收取，3 到 15 元不等，由電信運營商直接從手機資費中扣除，最後收益按一定的比例與媒體、網路服務商分成。

2. 收取 WAP 網站流量費

即當使用者透過手機報接入 WAP 網站時，收取適當的流量費，這也是手機報的盈利模式之一。

3. 廣告費

即以手機報的內容為核心價值，以規模龐大的訂閱使用者為潛在閱聽人，吸引企業在手機報上投放廣告。

在實際運營中，手機報的盈利來源主要是使用者的訂閱收入。但是，由於手機報是傳統媒體與電信運營商等幾方合作的產物，因此所有盈利收益都由合作三方按一定比例分成，一般來說，在訂閱費和流量費上，電信運營商占大部分收益，傳統媒體方收益甚少。加之近年來 3G 網路的開通帶來行動網際網路迅速發展，免費網路應用數不勝數，使用者對於手機報「收費」這一模式越來越反感，一方面大量使用者退訂手機報，同時很多手機報也被迫由收費轉為了免費。因此，過去動輒上億的訂閱收入已經走向下滑通道。

而對於廣告運營方面，一般來說在合作三方的分成上，媒體可以擁有更大比例。但是實際情況是，廣告收益很少或幾乎沒有。在手機報產生之初，

媒體人就設想將其打造成第二報紙，在手機報上重現報紙媒體的「二次售賣」模式，即收取使用者的訂閱費，同時向企業收取廣告費。然而，在實踐過程中，由於電信運營商的控制，以及使用者對廣告的排斥，在眾多手機報經營中，真正獲得廣告收益的非常少。目前，大部分手機報都處於「賠本賺吆喝」的狀態，收入入不敷出。

目前，有一部分傳統媒體繼續利用手機報平台進行深耕細作，尋求創新，如將聲音資訊直接植入圖文內容中，透過植入新聞標題欄旁的時評標誌，把全媒體符號融入讀者的閱讀體驗之中；還有一部分媒體已主動取消手機報業務。

（三）手機報面臨的問題

手機報近年來發展式微，使用者數銳減，廣告經營更是止步不前，歸納而言，主要面臨如下問題：

1. 內容上同質化

雖然手機報數量眾多，但大部分手機報都是傳統媒體內容在手機上以數位化形式再現，內容同質化現象嚴重，使用者認可度不高。

2. 經營上受制約

由於手機報是基於電信運營商開展的媒體業務，電信運營商對於規則制定、運作方式等都造成主導作用，媒體僅扮演著內容提供商的角色，這容易造成兩個問題：一是媒體沒有經營意識，電信運營商更沒有把手機報當成一個媒體產品來經營的意願，手機報單純成為電信運營商若干行動增值服務產品之一；二是即便部分媒體有經營意識，但迫於電信運營商的制約，比如對廣告形式、廣告發布方面提出若干要求，媒體經營自主權受到限制。

3. 外部遭遇手機 OTT 業務的衝擊

遭遇行動網際網路的衝擊應該算是手機報目前面臨的最大挑戰。透過行動網際網路，凌駕於電信運營商之上的 OTT（Over the Top）業務大行其道，

免費而具有特色的新聞類 APP 數不勝數，手機報，尤其是「收費訂閱」的手機報的吸引力變得很小。

4. 內部傳統媒體思路侷限

手機報經營困難的最根本原因在於傳統媒體思路老化，故步自封，缺乏創新意識和創新的想法，加上經營成本和人員的制約，使得手機報業務陷入困境。

【案例】

伊利暢輕行銷：輕生活，一身輕

背景介紹：

伊利暢輕是一款益生菌優酪乳。暢輕憑藉著率先進入優酪乳市場的契機，伴隨著品類的發展而在優酪乳市場中分得一杯羹。然而，隨著競爭不斷加劇，原有的益生菌優酪乳品牌出現了包裝相似，產品訴求同質化等問題。暢輕原有的競爭優勢變得越來越模糊，並且逐漸被價格戰所打壓。如何幫助暢輕跳脫產品同質化格局，使得產品大賣，成為擺在企業面前的首要問題。

暢輕的主要消費群體——年輕女性白領，生活壓力大，喝優酪乳是她們減輕身體負擔和放鬆心情最簡單的方式。於是，立足於產品功能，將傳播重心移至情感利益，公司提出了「輕生活，一身輕」的品牌理念。使得產品成功跳脫功能利益競爭，創造出了與目標群體具有共鳴的品牌價值。

為了傳播暢輕這一獨特的品牌價值，伊利行銷團隊展開了一系列的行銷傳播活動。從產品包裝、電視廣告、平面廣告等多個層面傳播暢輕「輕生活，一身輕」的品牌理念。

二維碼傳遞「輕生活」。改變包裝是暢輕所做出的第一步。在暢輕現有的清新別緻的包裝盒上有個二維碼，消費者只需用手機掃描二維碼便能夠觀看到 GIF 動畫。暢輕用幾個清新的小動畫動態地詮釋了「輕生活，一身輕」的品牌理念。

第三節 手機廣告媒體平台

　　年度網路活動「Fun 飛生活輕起來」以微博平台為支撐,分為三個階段。第一個階段是 2013 年 7 月 27 日至 8 月 22 日,活動主題為「與高圓圓一起測試壓力」。行銷團隊運用語義分析的技術,透過分析年輕女性白領在社交媒體上發表的狀態來測試她們的生活壓力,從而倡導輕生活的理念。同時,在行動端推出微信掃描二維碼,向高圓圓提問並參與抽獎的活動。

　　第二個階段是 2013 年 8 月 23 日至 9 月 18 日,活動主題為與「高圓圓一起釋放壓力」。結合活動主題在社交媒體上發起放飛輕生活氣球的活動。同時,騰訊影片策略項目《大牌駕到》強勢助陣,高圓圓與華少在節目中暢談輕生活,再次傳播品牌理念。並且,行動端微信掃描二維碼抽獎活動持續進行。

　　第三個階段時間為 2013 年 9 月 19 日至 9 月 30 日,活動主題為「與高圓圓一起暢享輕生活」。活動鼓勵網友共建輕生活照片牆,使得網友進行自主傳播,促進了社群互動。同時,行動端微信掃描二維碼抽獎活動仍在持續。

　　點評:

　　伊利暢輕在這一次行銷傳播活動中透過多種媒體資源協調配合,成功地重塑了品牌形象,推廣了「輕生活,一身輕」的品牌理念。新媒體部分的行銷傳播活動雖然不是整個策略中最為主要和突出的部分,但是有力地配合了其他渠道的行銷傳播活動,做到了多個平台,一個聲音。同時,目前許多品牌的行銷策略活動都會考慮到新媒體平台的行銷傳播活動。新媒體平台的行銷傳播往往會對整個行銷策略造成有力的支持和補充。特別是維護消費者關係,透過參與式互動提升使用者經驗等。

　　然而新媒體平台運用也分為多個層次。伊利暢輕在產品包裝盒上加入二維碼,消費者可以透過掃描二維碼獲取動畫或參與抽獎或與明星互動,這屬於比較簡單的層次。在微博平台使用語義分析技術來為目標群體測試壓力屬於較為複雜的層次。但對於新媒體平台或簡單或複雜的運用並沒有優劣、高低之分,只有適當或不適當的區別。任何要求消費者進行參與的活動,其評判的標準都在於是否能夠帶來使用者價值。

【知識回顧】

在現代資訊社會中,「平台」一詞的提及率越來越高。「廣告平台」指的是開展廣告活動所需要的環境或條件,「新媒體廣告平台」包含了技術平台、終端平台、媒體平台、廣告發布平台等多重含義,本章中的新媒體廣告平台特指以電腦、手機、智慧型電視、PAD 等為代表的終端平台,以及以入口網站、搜尋引擎、網路影片、社交媒體、微博、微信等形態各異的媒體產品為代表的媒體平台。不同的終端平台在廣告傳播與表現上有其自身的特點,而媒體產品平台在廣告經營上也分別表現為不同的發展階段。入口網站的廣告經營從最初的一枝獨秀發展到目前的廣告領地逐步被侵蝕;搜尋引擎以關鍵字廣告為推動力躍居廣告市場榜首;電子商務平台廣告經營起步相對較晚,卻成為最具行銷潛力的網路媒體形式之一;網路影片在歷經多次行業洗牌後,終於尋找到新的發展方向,其廣告營業額近兩年成為網路廣告行業的領導者;在手機媒體領域,手機 APP 近年來成為智慧型手機中最主要的內容載體,基於 APP 的廣告開始廣受關注,市場占有率逐步提升;以電信運營商為主導的行動增值服務類媒體平台生存空間進一步遭受衝擊和擠壓,廣告經營難以為繼。

【思考題】

1. 新媒體廣告平台相對於傳統媒體而言有什麼特點?
2. 媒體產品與不同媒體終端是如何融合發展的?
3. 入口網站應如何調整策略以應對其他媒體形態的衝擊?
4. 搜尋引擎可以採取哪些辦法來解決在其廣告經營上遇到的問題?
5. 電子商務在廣告經營上還可以如何創新發展?
6. 如何解決網路影片網站的廣告盈利與使用者經驗之間的矛盾?
7. 手機 APP 廣告的發展前景如何?

第三章 新媒體廣告的表現形態

【知識目標】

☆新媒體廣告表現形態的分類

☆網路廣告的主要表現形態

☆手機廣告的主要表現形態

☆互動性電視廣告的主要表現形態

【能力目標】

1. 能結合案例分析各類新媒體廣告的特點

2. 能準確分辨各類新媒體廣告表現形態

3. 能結合自己的理解說出不同新媒體廣告表現形態的特點

【案例導入】

墨跡天氣是一款天氣類 APP，目前擁有超過 2.3 億使用者量，每爆發量達 4200 萬，其中穿衣助手、空氣指數、實景分享等功能深受使用者喜愛。有一天，當身處不同地區的使用者打開墨跡天氣 APP 時，看到墨跡天氣的畫面發生了一些變化：穿衣助手小默哥和小默妹手上不約而同地多了一瓶飲品，服飾也換成了與飲品顏色相匹配的形象，點擊穿衣助手，在右上方出現與飲品相關的提示語。但是，飲品類別因各地天氣狀況的不同而存在差異，比如在溫度較高的地方出現的是「透心涼，心飛揚，雪碧釋放你的夏日」；在晝夜溫差大於 8°C 的地方，出現「晝夜溫差較大，來瓶果粒奶優，補充營養」；在空氣汙染指數為良或以下的地方，出現「果清新帶來滋潤祕笈，助您四季以衡」等（如圖 3-1）。

新媒體廣告
第三章 新媒體廣告的表現形態

圖3-1 可口可樂公司在墨跡天氣APP中的置入廣告

　　這是可口可樂公司與墨跡天氣合作推出的APP植入廣告,該合作持續了6個月。可口可樂公司利用墨跡天氣中穿衣助手可以訂製的功能特點,為旗下眾多產品量身訂製了多套廣告方案,根據不同的天氣推廣不同的產品,讓墨跡天氣使用者每天都能感受到可口可樂產品帶來的關懷。結合這個案例,試思考:新媒體廣告在表現形態上有哪些突出的特點?

　　新媒體的發展日新月異,媒體形態不斷更新,一旦某種媒體產品引起了足夠大的關注度,它就將實現向「廣告媒體」的華麗轉身。而依附於新媒體之上的廣告,其表現形式並非如傳統廣告般一成不變,而是在新媒體的更新

第三節 手機廣告媒體平台

換代中不斷尋找與其相適應的呈現方式，這使得新媒體廣告種類繁多，形態多樣，並永遠處於發展變化之中。此外，由於新媒體的開放性特徵，媒體經營組織數不勝數，不同媒體經營者對廣告表現方式和發布標準均未達成共識，往往對於同一類型廣告還存在多種稱謂，這導致新媒體廣告的表現形態看上去更為複雜，難以釐清頭緒。本章中將對基於網路、手機、電視三種典型的新媒體的廣告表現進行綜合歸類，然後分別介紹不同新媒體中的各種具體廣告表現形態及其特徵。

雖然新媒體廣告表現形態千變萬化，但萬變不離其宗。從宏觀上，我們可以根據廣告呈現方式的不同，大體上將各類新媒體廣告劃分為如下幾個類型：展示類廣告、內容服務類廣告、置入式行銷、推送直投類廣告等如圖3-2所示。值得注意的是，除了這幾種基本廣告類型外，不同的媒體可能還有其特色的廣告表現方式，比如後面會提到的手機媒體中的互動廣告等。

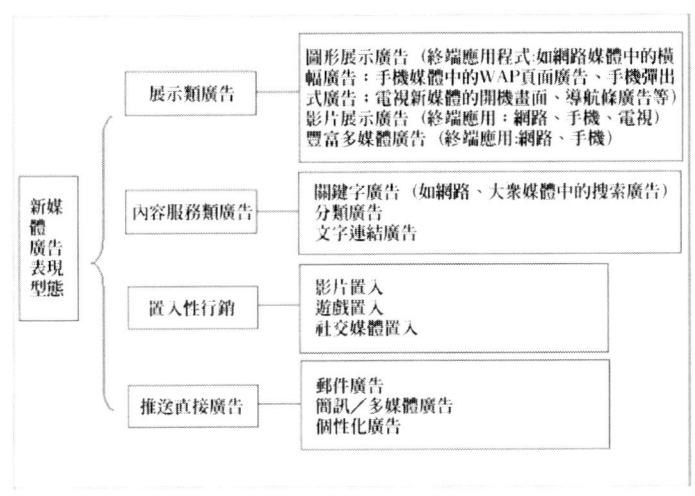

圖3-2 新媒體廣告表現型態的分類

1. 展示類廣告

展示類廣告是指廣告以圖、文、影像等方式直接在載體中展示，只要打開相應頁面或相應載體就可以看到的一種廣告形式，包括圖形展示廣告、影片展示廣告、豐富多媒體廣告。展示類廣告實際上是對傳統媒體廣告售賣模

85

式與表現方式的傳承,具有傳統一般廣告的典型特徵,在各類新媒體終端中的應用非常廣泛。如網路媒體中的橫幅廣告、通欄廣告、選單廣告、影片插入廣告等都屬於展示類廣告;手機媒體和電視新媒體中也適時地開發出了越來越多的展示類廣告形式,如手機 APP 中的彈出式廣告、橫幅廣告;電視新媒體中的開機畫面、選單廣告等。

2. 內容服務類廣告

內容服務類廣告是應新媒體資訊爆炸的特點而生的一種新型廣告方式,廣告與閱聽人關注的內容緊密結合,透過電腦技術和大數據,將閱聽人當前最想看到的內容呈現在他們面前,同時實現為商家宣傳的目的。內容服務廣告最典型的應用是關鍵字搜尋廣告。此外,分類廣告以及文字連結廣告也可以歸入內容服務類廣告。

3. 置入式行銷

置入式行銷是將產品或品牌資訊以各種方式植入於影片、遊戲等媒體應用中,以潛移默化的方式影響閱聽人態度的一種廣告形式。置入式行銷在新媒體環境下發展非常迅速,使用者瀏覽或使用資訊時,不經意間即可接觸到大量的置入式行銷。

4. 推送直投類廣告

推送直投類廣告與傳統的直接廣告意義類似,傳統的直接廣告是指將廣告資訊直接投遞到閱聽人的工作單位、住所等地。而新媒體環境下的直接廣告是指將廣告資訊直接以數位化形態發送到與閱聽人相關聯的應用媒體中。如電子郵件廣告,手機簡訊廣告、多媒體廣告以及手機 APP 中的廣告資訊推送等均屬於直接廣告。

▍第一節 網路媒體的廣告表現

網路媒體作為新媒體的最早起步者,在 20 餘年的發展歷程中,媒體形態和資訊傳播方式一直在發生著深刻變化。從早期以大量資訊為特徵的

Web1.0時代，到使用者創造內容的Web2.0時代，最後發展到與行動網際網路相結合，使用者隨時隨地創造和傳播資訊的Web3.0時代。從媒體形態上來看，先後出現了以入口網站為代表的資訊集成者、以搜尋引擎為代表的資訊篩選者、以社群論壇為代表的資訊分享平台、以部落格和微博為代表的個人化資訊平台等。而在這些媒體載體的基礎上，先後產生諸多與之相適應的廣告形式。

網路廣告表現形態多種多樣，我們可以根據前面的分類標準對網路廣告的表現形態進行歸類並一一介紹。

```
                    ┌─ 圖形展示廣告 ── 橫幅廣告、按鈕廣告、移動圖標廣告、
                    │                  通欄廣告、摩天樓廣告、對聯式廣告、
                    │                  全螢幕廣告、畫中畫廣告、頁面彈出廣告、
                    │                  背投廣告等
                    │
                    ├─ 影片展示廣告 ── 影片插入廣告
  網路廣告           │                  豐富多媒體視窗廣告
  表現型態 ──────────┤
  的分類             ├─ 內容服務廣告 ── 搜索廣告
                    │                  分類廣告
                    │                  文字連結廣告
                    │
                    ├─ 置入性行銷 ──── 影片置入廣告
                    │                  遊戲置入廣告
                    │                  社交媒體置入廣告
                    │
                    └─ 直接廣告 ────── 電子郵件廣告
                                       即時通訊軟體推送廣告
```

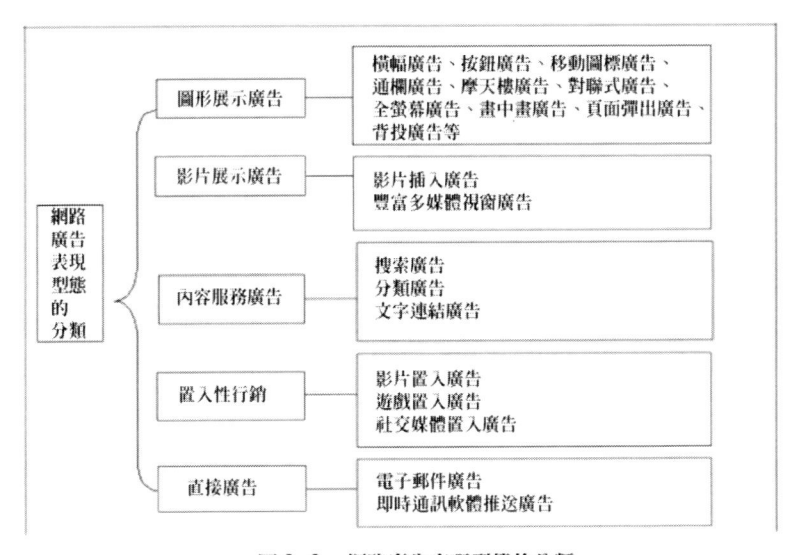

圖3-3　網路廣告表現型態的分類

一、圖形展示廣告

圖形展示廣告是網路廣告中常見的表現形態之一，主要投放在各類網站頁面、即時通信軟體客戶端等媒體產品中，作用在於增強品牌或產品的曝光率，與傳統媒體的展示廣告延續同樣的思路。目前，綜合入口網站、垂直網站等都以圖形展示廣告為主。

圖形展示廣告包括旗幟廣告、按鈕廣告、移動圖標廣告、通欄廣告、摩天樓廣告、對聯式廣告、全螢幕廣告、畫中畫廣告、彈出視窗廣告、背投廣告等多種形態。從展示方式來看，圖形展示廣告又可表現為靜態展示、豐富多媒體動態展示、交互展示等多種方式。

（一）旗幟廣告（Banner）

旗幟廣告，也稱橫幅廣告，是最早的網路廣告表現形態，在網路廣告中占有重要地位。旗幟廣告的尺寸在一定範圍內可以變化，大到 468*60 像素、小到 100*30 像素，其主要以 GIF、JPG、SWF 等格式建立圖像文件，定位在網頁中來展示廣告內容，同時還使用 Java 等語言使其產生交互性。旗幟廣告經常出現在網站主頁上方的首要位置或底部，多用來作為提示性廣告，瀏覽者也可以點擊進入瞭解更多資訊。

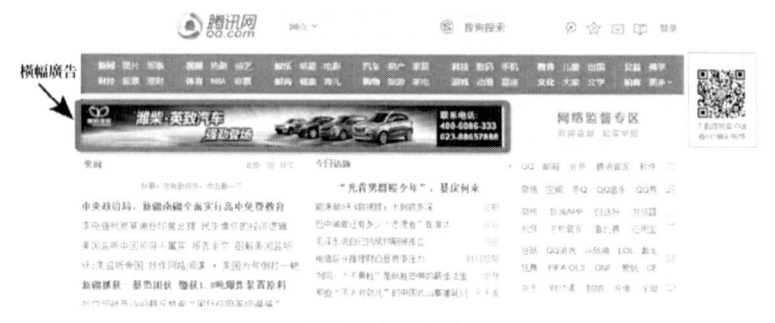

圖3-4　橫幅廣告

（二）按鈕廣告（Button）

按鈕廣告，也稱為圖標式廣告，是從旗幟廣告演變過來的一種廣告表現形態，尺寸較旗幟廣告小。根據美國互動廣告署（IAB）的標準，按鈕廣告有如下幾種尺寸：125*125 像素、120*90 像素、120*60 像素、88*31 像素（如圖 3-5）。

第一節 網路媒體的廣告表現

圖3-5 按鈕廣告

由於按鈕廣告尺寸小，表現手法較簡單，可以被靈活地放置在網頁的任何位置，適用於成熟期的品牌，喚起閱聽人對品牌的記憶。但是按鈕廣告對設計要求很高，要求在有限的尺寸中設計精良，抓住閱聽人的眼球，從而達到最佳的廣告效果。

（三）移動圖標廣告

移動圖標廣告，是能在頁面上進行上下或左右的自由行動，點擊後可連結至指定的廣告頁面的廣告表現形態。尺寸通常是 80*80 像素或 60*60 像素，一般使用 GIF、JPG 或 Flash 格式的圖像文件（如圖 3-6）。

圖3-6 騰訊網中的移動圖標廣告

移動圖標廣告較其他廣告不同處在於，其可以根據廣告主的要求設定廣告的運動軌跡，從而增加廣告的曝光度。

(四) 通欄廣告

通欄廣告也是旗幟廣告演變而來的一種廣告形式，一般以橫貫頁面的形式出現，通欄廣告相對於旗幟廣告和按鈕廣告而言，尺寸更大，視覺衝擊力更強，是目前網路媒體中應用較為廣泛的廣告形式之一（如圖 3-7）。

圖 3-7　新浪網首頁通欄廣告

(五) 摩天樓廣告

摩天樓廣告一般出現在頁面的右側，主要占據的是豎向空間，寬度相對固定，但高度可以很高，尺寸比較靈活。相對於旗幟廣告來說，摩天樓廣告占據的版面更大，發揮的空間也更大（如圖 3-8）。

第一節 網路媒體的廣告表現

圖 3-8　摩天樓廣告

摩天樓廣告因其占用網頁面積較大，視覺衝擊力強，非常引人注目。

（六）對聯式廣告

對聯式廣告，也稱擎天柱廣告。在網頁的兩側各放置一個縱巨幅廣告，內容相互呼應，當滑鼠劃過或點擊時，即彈出一通欄廣告，非常搶眼。一般使用 GIF 或 Flash 格式的圖像文件（如圖 3-9）。

圖 3-9　對聯式廣告

對聯式廣告創意靈活，容易吸引眼球，這種廣告形態一經推出就受到了信奉首頁原則的廣告主的熱烈吹捧。

91

（七）全螢幕廣告

全螢幕廣告，當使用者打開某頁面後，全螢幕式出現廣告 3~5 秒，隨後逐漸縮成普通 Banner 尺寸至完全消失。一般使用 GIF 或 Flash 格式的圖像文件（如圖 3-10）。

圖 3-10　全螢幕廣告

全螢幕廣告在短時間內迅速到達頁面，使閱聽人能夠看到廣告資訊，很容易給人以強烈的視覺衝擊，在很大程度上是強制性的，但因時間過短、畫面精美，閱聽人的反感度較低。

（八）畫中畫廣告

畫中畫廣告是將廣告安插在各類新聞的最終頁面中，與文字進行合理安排，自成獨立小畫面，在各大新聞頁面中經常出現。一般使用 GIF 或 Flash 格式的圖像文件（如圖 3-11）。

圖3-11　畫中畫廣告

畫中畫廣告主要出現在新聞頁面中，使得閱聽人在瀏覽感興趣的內容的同時關注廣告內容，接受廣告資訊。

（九）彈出視窗廣告

彈出視窗廣告，又稱為插頁式廣告，是在網頁下載過程中，插入一個新窗口展示廣告，廣告可以使用 GIF、JPG 或 Flash 等格式。彈出式廣告在廣告頁面上，將會出現廣告主的有關資訊，如果廣告內容有足夠的吸引力，就很有可能將使用者引到它的網站上去，從而達到預期的廣告效果。但其方式有點類似電視廣告，都是打斷正常節目的播放，強迫觀看，如果廣告不足以新穎，很容易引起使用者反感（如圖 3-12）。

圖3-12 彈出式廣告

（十）背投廣告

　　背投廣告是指當使用者打開一個頁面時，隨著使用者的點擊，在當前頁面的背後彈出的一個窗口廣告。與自動彈出視窗廣告不同的是，背投廣告不會影響使用者的正常瀏覽頁面，也不會被使用者及時關閉。當使用者關閉所有頁面時，背投廣告仍然會在桌面上存放，不會隨著頁面被一起關閉。

二、影片展示廣告

　　影片展示廣告是指在網路上以影片影像的方式播放的廣告。影片廣告集合了電視廣告和新媒體廣告的優點，既可生動地傳達廣告資訊，又可實現精準投放。目前網際網路上的影片廣告的主要形態有兩種，一是依託於網路影片節目插播的影片插入廣告，還有一種是利用豐富多媒體技術獨立出現的視窗廣告。

（一）影片插入廣告

　　影片插入廣告是指在網路影片節目播放前、播放過程中或播放完後插播的廣告，相應地也稱為前插入廣告、後插入廣告等。影片插入廣告是借鑑傳

統電視廣告的模式而產生的，在使用者觀看節目的過程中進行強制性播放（如圖 3-13）。

圖 3-13 影片插入廣告

相對於電視廣告而言，網路影片插入廣告一方面更具有針對性，在影片廣告發布過程中，可以透過大數據技術對使用者進行標籤化分類，從而實現對目標閱聽人的精準投放；另一方面，影片插入廣告投放成本相對更為低廉和實惠，因為影片網站一般採用按展示計費的方法，使用者的點擊率直接與廣告預算關聯，使廣告費用落在實處，避免了浪費。

影片插入廣告近兩年來發展非常迅速，但目前也存在一些問題，比如影片插入廣告的播放時長目前沒有統一的規定，也沒有法律政策上的制約，影片插入廣告播放時長不一，有 5 秒、10 秒、15 秒等不同規格，而一些熱門影片前的貼片時間則被隨意延長，最長的甚至達到 2-3 分鐘，嚴重影響了使用者經驗。

（二）豐富多媒體視窗廣告

豐富多媒體視窗廣告是利用豐富多媒體技術進行傳播的一種影片廣告形式，通常應用於入口網站等綜合性網站中，出現在網頁的右下角，當使用者打開頁面時，出來一個類似於普通影片播放器的播放窗口，透過其播放影片

廣告。使用者可以進行暫停、播放、轉發、下載等操作，其主要表現形式有標準的影片形式、畫中畫形式、焦點影片形式等。相對於影片插入廣告而言，豐富多媒體視窗廣告表現力更強，並具有一定的互動性（如圖3-14）。

圖3-14　豐富多媒體視窗廣告

三、內容服務廣告

內容服務廣告主要是利用使用者渴望獲取資訊的心理而開發出的廣告表現形態，廣告與內容緊密相關。網路廣告中的內容服務類廣告主要有搜尋廣告、分類廣告、文字連結廣告。

（一）搜尋廣告

搜尋廣告是利用使用者主動搜尋資訊的行為，幫助廣告主進行推廣的一種廣告形式。目前搜尋廣告廣泛應用於搜尋引擎網站和垂直網站上，因此又分為綜合搜尋廣告和垂直搜尋廣告。搜尋廣告具有很強的針對性和目標性，且傳播範圍廣，實時性、靈活性強，廣告製作發布成本低，預算可自行控制，可準確統計閱讀廣告使用者人數，有利於發展潛在使用者。搜尋廣告的表現形態主要有以下兩種：

1. 關鍵字廣告

　　關鍵字廣告是基於使用者在網際網路上的搜尋行為來開展的一種廣告活動，當使用者搜尋一些關鍵字的時候，與該關鍵字相應的推廣廣告就會出現在結果頁面上。連結的關鍵字既可以是關鍵詞，也可以是語句。關鍵字廣告與使用者的關聯度高，點擊率遠遠超過品牌圖形類廣告。由於其按點擊付費，價格低廉，所有的關鍵字廣告幾乎是實時完成的，關鍵字和連結地址都是自行設定的，是一種高效的廣告投放方式（如圖3-15）。

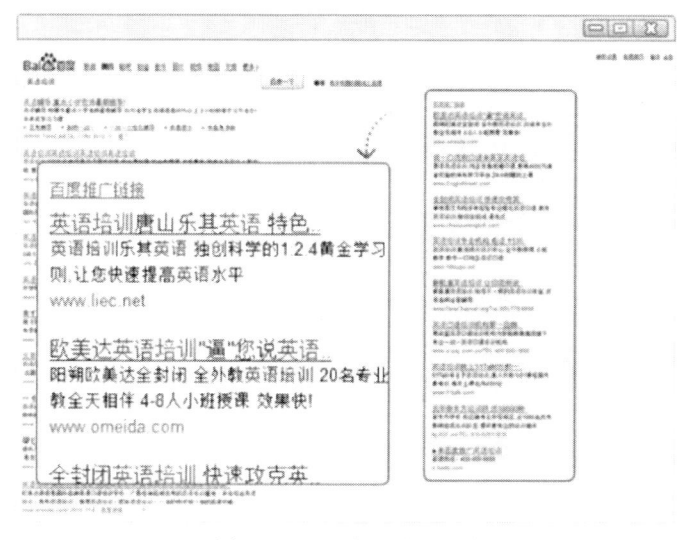

圖3-15　百度關鍵字廣告

2. 關鍵字競價排名廣告

　　關鍵字競價排名廣告，是指按照廣告主付費的多少來確定廣告資訊在搜尋結果中的位置，即付費最多者廣告資訊排名最靠前的廣告發布方法。它與關鍵字廣告的最大區別在於，對搜尋後的廣告顯示內容採取拍賣競價排列廣告順序的機制。如圖3-16，按照競價排名規則，則越靠前的廣告主付費越多。

　　關鍵字競價排名廣告最先由 Google 公司設計並使用。這種廣告表現形態充分利用了搜尋引擎使用者量大的優勢，採用按點擊量付費的方式使廣告

針對性加強又價格低廉，同時廣告主可以對使用者點擊廣告情況進行統計分析控制廣告效果，從而深受廣告主的歡迎。目前關鍵字競價拍賣廣告已經成為各大搜尋引擎的主要收入來源。

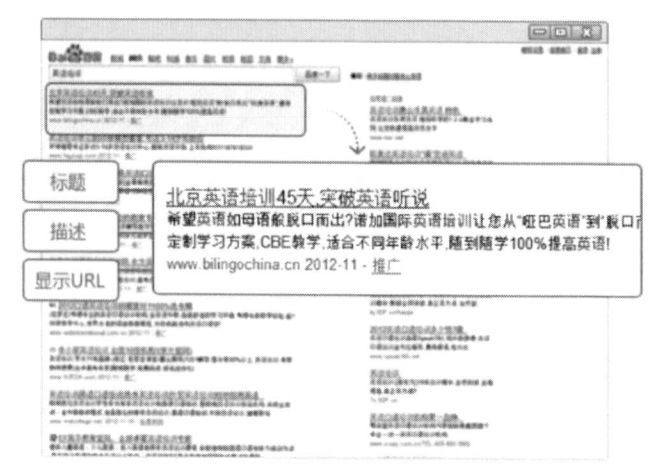

圖3-16　百度關鍵字競價排名廣告

（二）分類廣告

分類廣告，是指將各類短小的廣告資訊按照一定方法進行分門別類，以便使用者快速檢索，一般集合放置於頁面固定位置（如圖3-17）。

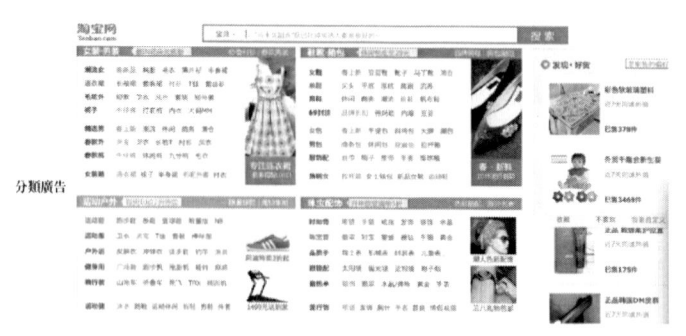

圖3-17　分類廣告

分類廣告發布快捷、形式簡單、價格低廉、容易更新，便於消費者集中比較，具有很強的針對性。企業和個人使用者通常會在需要時主動查詢，廣

告不帶有強制性，因而容易被閱聽人所接受。中國最大的個人網上交易平台「淘寶網」透過商品目錄的形式將成千上萬種商品分成各種類別。這樣大到房產汽車，小到玩具香水，透過其分類目錄和搜尋功能，閱聽人都可以很容易地找到所需要的商品（如圖3-17）。

（三）文字連結廣告

文字連結廣告是以一排文字作為一個廣告，點擊進入相應的廣告頁面，主要投放文件格式為純文字的廣告（如圖3-18，3-19）。

圖3-18 新浪網上的文字連結廣告

圖3-19 搜狐網上的文字連接廣告

文字連結廣告，是對瀏覽者干擾最少，卻最有效果的網路廣告形式。文字連結廣告的安排位置靈活，它可以出現在頁面的任何位置，可以豎排也可以橫排，每一行就是一個廣告，點擊每一行就可以進入相應的廣告頁面。

文字連結廣告透過加入的會員網站互相提供連結交換，以幾何級數地擴大一個網站的連結空間，這比到處登記網站來得更有效果。文字連結廣告要選擇質量比較高的網站，因為高質量的網站可以拓展業務和間接帶動網站的排名，還會帶來不少的目標流量，增加銷售額或知名度。文字連結廣告的文件體積小，傳輸速率快，由於只是文本，所以閱聽人更容易捕捉廣告內容。特別是資訊量很大的頁面，相對於圖片、動畫等廣告，文字連結廣告直截了當，開門見山，使瀏覽者一目瞭然。

四、置入式行銷

　　置入式行銷是隨著電影、電視、遊戲等的發展而興起的一種廣告形式，是指將產品（品牌）或服務資訊以巧妙的手法融入特定的媒體內容或媒體環境中，以達到潛移默化地影響閱聽人心理的效果。網路媒體中的置入式行銷常見於影片影片（含微電影等）、網路遊戲以及一些名人的部落格、微博等社交媒體中，因此，從植入平台的角度可以將置入式行銷分為影片植入廣告、遊戲植入廣告、社交媒體植入廣告三種。

（一）影片置入廣告

　　從置入手法來看，影片置入廣告主要有場景置入、道具置入、台詞置入、音效置入、劇情置入、文化置入等方式。

1. 場景置入

　　場景置入是指將產品（品牌）或服務資訊置入影片中的人物活動場景中，一般表現為頻繁出現同一場景，比如主角用餐的飯店、購買服裝的商店等。

2. 道具置入

　　道具置入是指直接將產品作為影片中的道具來使用，比如人物使用的手機、喝的飲料、穿的服裝等。在微電影《家的味道》中，孩子們在父親七十大壽時從各地趕回老家，其中帶的各種禮品就成為廣告中的置入產品（如圖3-20）。

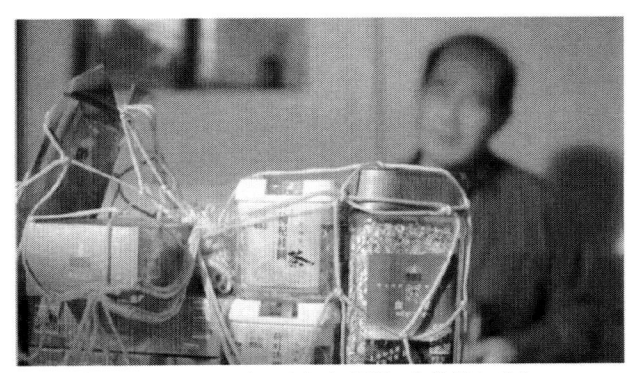

圖3-20　微電影《家的味道》中的置入廣告

3. 台詞置入

　　台詞置入是將與產品或品牌相關的資訊巧妙地穿插到主角之間的對話內容中，以達到宣傳的效果。

4. 音效置入

　　音效置入是指透過旋律和歌詞以及畫外音、電視廣告等的暗示，引導閱聽人聯想到特定的品牌，如手機特定的鈴聲、品牌廣告特定的音樂背景等。

5. 劇情置入

　　劇情置入是指在劇中設計與產品或品牌緊密相關的橋段，來達到宣傳目的的方式。

6. 文化置入

　　文化置入是指在影視劇中傳播一種文化，透過文化的滲透來達到宣傳這種文化背景下的產品的目的，這是一種更高層次的廣告置入方式。

（二）遊戲置入廣告

　　遊戲置入廣告是指依託遊戲的娛樂性帶來的使用者黏著度和互動性，將廣告資訊置入遊戲情境中或成為遊戲環節的一部分，使使用者在玩遊戲的過程中潛移默化地切身體驗產品特性，強化品牌印象，最終成為企業的忠誠消

費者、追隨者和傳播者。從置入方式上來看，遊戲置入廣告除了有影片置入廣告類似的場景置入、道具置入、音效置入、文化置入等置入手段外，用得較多的置入方式還有主題置入，即以某品牌、產品、服務資訊直接作為遊戲的主題，廣告即遊戲，遊戲即廣告（如圖3-21，3-22，3-23）。

圖3-21 《惡名昭彰2》中Subway的置入廣告

圖3-22 《神奇寶貝》中的愛迪達道具置入廣告

圖3-23 可口可樂主題遊戲置入廣告

（三）社交媒體置入廣告

社交媒體置入廣告是指在社交媒體中出現的隱性廣告傳播活動，一般來說表現為社交媒體上的輿論領袖或具有一定號召力的公眾平台，依託自身的影響力，在自有媒體平台上（如部落格、微博、微信）中隱晦地提及產品（品牌）或服務資訊，以達到影響其粉絲或關注者的效果。

社交媒體置入廣告的形式多樣化，表現方式靈活。比較常見的有如下幾種形式：

1. 內容置入

如韓寒曾經在其部落格文章的最後一段以贈送禮物的方式提及其代言的聯想手機：「最後，給這麼早起的讀者們一個禮物，老朋友聯想最新手機——樂 phone，反應速度快，操作系統很好，很值得的一款手機，這篇文章和下一篇文章最早留言的新浪註冊使用者都可以獲得一台。」這可以看作是內容置入廣告的一種表現。

2. 生活資訊置入

主要表現為將產品或服務資訊與名人的私生活相關聯，比如在一些明星藝人的微博中，常常出現諸如「早上用×××潔面泥洗臉，清清爽爽開工」、

「誰說大叔兒不保養，老男人也得細皮嫩肉」（配上明星使用某面膜的圖片）等，看上去是與藝人私生活相關的資訊，實則是置入廣告。

3. 環境置入

環境置入類似於影片置入廣告中的場景置入，比如在社交媒體中展示自己的活動場景，或在自拍時不經意間使某一產品在背景上出現等。

4. 話題置入

話題置入是將產品或服務資訊置入於能引起閱聽人廣泛關注或共鳴的話題，從而造成廣泛傳播的作用。

五、直接廣告

網路媒體中的直接廣告主要表現為如下兩種形式：

1. 電子郵件廣告

電子郵件廣告是直接廣告的典型表現形態，是指透過網路將產品或服務資訊直接發到使用者電子郵箱的廣告形態，其針對性強，傳播面廣，資訊量大，形式類似於傳統的直郵廣告（如圖 3-24）。

圖 3-24　電子郵件廣告

電子郵件廣告可以直接發送，但有時也透過搭載發送的形式，比如透過使用者訂閱的電子刊物、新聞郵件和免費軟體以及軟體升級等其他資料一起附帶發送。也有的網站使用註冊會員制，收集忠實讀者（網上瀏覽者）群，將客戶廣告連同網站提供的每日更新資訊一起，準確送到該網站註冊會員的電子郵箱中。這種形式的郵件廣告容易被接受，具有直接的宣傳效應。

電子郵件是網友最經常使用的網路工具。30% 左右的網友每天上網瀏覽資訊，但有超過 70% 的網友每天使用電子郵件，企業管理人員尤其如此。經過長時間大量的實踐證明，電子郵件是最具效果的廣告形式。在正確應用的前提下，其回應率遠遠高於其他類型的廣告。最近一次電子郵件廣告活動的統計數據顯示，60% 的上網使用者在郵件發送的首月內閱讀了該郵件，其中超過 30% 的使用者點擊郵件裡的連結到達目標頁面。

2. 即時通信軟體推送廣告

即時通信軟體推送廣告是指當網路使用者透過自己的帳號密碼登錄即時通信軟體時，系統自動彈出的廣告。一般來說該廣告附有明確的使用者指向性，並在使用者登錄時彈出，因此也可以看作直接廣告的一種。

第二節 手機媒體的廣告表現

手機媒體經歷了從單一的行動通信媒體到行動網際網路媒體的發展過程，相應地，手機廣告的表現形態也經歷了較長時間的探索和形式上的變遷，既打上了網路廣告的烙印，同時擁有其自身的特色。根據廣告呈現方式和互動方式，我們也可以將手機廣告劃分為展示類廣告、手機直接廣告、互動類廣告、內容服務廣告、手機置入廣告五種類別，如圖 3-25 所示。其中，內容服務類廣告、置入類廣告與前面網路廣告的表現形態基本一致，本節中僅作簡要介紹。

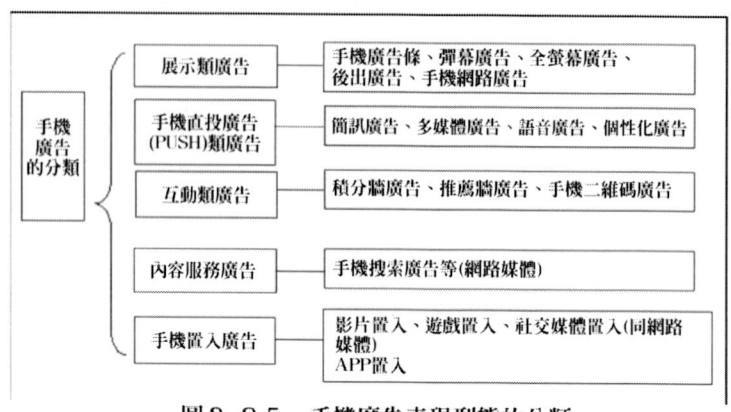

```
                    ┌─────────────┬──────────────────────────────────────┐
                    │  展示類廣告  │ 手機廣告條、彈幕廣告、全螢幕廣告、    │
                    │             │ 後出廣告、手機網路廣告                │
                    ├─────────────┼──────────────────────────────────────┤
          手機      │ 手機直投廣告 │                                      │
          廣告      │  (PUSH)類廣告│ 簡訊廣告、多媒體廣告、語音廣告、個性化廣告│
          的分類    ├─────────────┼──────────────────────────────────────┤
                    │  互動類廣告  │ 積分牆廣告、推薦牆廣告、手機二維碼廣告│
                    ├─────────────┼──────────────────────────────────────┤
                    │ 內容服務廣告 │ 手機搜索廣告等(網路媒體)             │
                    ├─────────────┼──────────────────────────────────────┤
                    │ 手機置入廣告 │ 影片置入、遊戲置入、社交媒體置入(同網路│
                    │             │ 媒體)  APP置入                        │
                    └─────────────┴──────────────────────────────────────┘
```

圖3-25　手機廣告表現型態的分類

一、展示類廣告

手機媒體中的展示類廣告主要依託手機APP和WAP頁面展現，其廣告表現形態與網路媒體有一定的共性。從目前來看，手機媒體中的展示類廣告主要有手機橫幅廣告、彈出式廣告、全螢幕廣告、廣告、手機影片廣告幾種類型。

（一）手機橫幅廣告

手機橫幅廣告，也叫橫幅廣告或橫幅橫幅廣告，一般內嵌在手機APP中，以橫貫頁面的形式出現在APP的頂部或底部，點擊廣告後的效果有下載手機應用、跳轉到手機網頁、播放豐富多媒體、撥打電話以及發送簡訊等形式。手機橫幅廣告是目前主流的手機展示廣告之一（如圖3-26）。

第二節 手機媒體的廣告表現

圖 3-26　手機橫幅廣告

(二)

　　彈出式廣告，一般出現在手機 APP 應用中，是在特定的時機以彈出視窗的形式展現的廣告，使用者可以選擇點擊或關閉廣告畫面（如圖 3-27）。彈出式廣告與手機橫幅廣告相比具有更大的畫面表現空間，出現在手機應用的間歇時段，且使用者有選擇關閉的權利，不占用界面空間。

圖3-27　彈出式廣告

　　彈出式廣告幾乎可以出現在所有類型的APP中，目前應用比較多的是遊戲類彈出式廣告、閱讀類彈出式廣告、影片類彈出式廣告。

　　遊戲類彈出式廣告通常選擇在遊戲開啟、過關、暫停或退出時出現，能充分利用使用者等待的時間，緩解其緊張的情緒。

　　閱讀類彈出式廣告一般出現在閱讀過程或閱讀暫停時，在獲得廣告收入的同時可以造成讓使用者暫時休息，緩解眼部疲勞的功能。

　　影片類彈出式廣告一般是在影片開始播放、暫停或退出時出現，該形式在網路媒體中的發展已經非常成熟，是使用者接受度比較高的廣告形式。

第二節 手機媒體的廣告表現

（三）全螢幕廣告

全螢幕廣告是指在啟動手機應用時，在開機畫面後以全螢幕圖片的形式展示的廣告，一般來說全螢幕廣告展示完畢後自動關閉並進入應用主頁面（如圖3-28）。由於全螢幕廣告是在使用者進入行動應用的第一時間進行展示，展示時間一般為 3 秒，因此常被人們稱為「黃金 3 秒」。

圖3-28　APP客戶端的全螢幕廣告

全螢幕廣告一般為大尺寸全螢幕展示，具有較強的視覺衝擊力，適合於品牌廣告主的傳播。從傳播效果上看，由於全螢幕廣告僅在應用啟動時展現，而在一般情況下，同一使用者不會頻繁啟動單一應用，因此與其他廣告形式相比，同樣數量的廣告展示下，全螢幕廣告能涵蓋更多的獨立使用者。目前，諸如新浪微博、騰訊新聞、墨跡天氣等手機端應用都開發了全螢幕廣告形式。

（四）退出廣告

退出廣告與全螢幕廣告較為類似，其不同之處在於退出廣告是出現在使用者退出 APP 程式的瞬間。

（五）手機影片廣告

手機影片廣告與網路影片廣告類似，一般出現於手機觀看影片之前或觀看過程中，是以影片插入的形式出現的廣告。手機影片廣告視聽體驗兼備，品牌傳播效果較好，但由於在行動終端觀看影片廣告時流量耗費較大，因此更容易受到使用者排斥。

二、手機直接廣告

手機直接廣告是指將廣告資訊直接發送到使用者手機的一種廣告形式。手機直接廣告有兩種類別：

（一）基於行動通信平台的簡訊、多媒體、語音廣告

基於行動通信技術的直接廣告，過去常稱為 PUSH 類廣告，可以說是伴隨著手機的產生一同誕生的，是使用非常廣泛的一種廣告形式，具體表現為簡訊、多媒體、語音廣告三種形式。簡訊和多媒體廣告一般是透過簡訊／多媒體群發服務向三大運營商的手機使用者進行定向發送（如圖 3-29）。

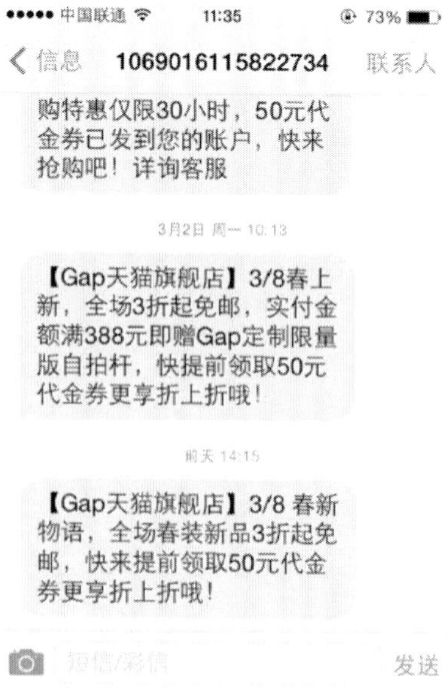

圖 3-29 手機簡訊廣告

這類手機廣告形式簡單，資訊簡潔直觀，且成本低廉，因此極受廣告主的歡迎，使用範圍也最為廣泛。商家可以根據其掌握的使用者資料，進行有針對性的傳播，讓目標顧客群無論身處何處，都能在第一時間收到廣告資訊。此外，採用簡訊群發的廣告形式，還方便了消費者即時轉發，提高了廣告的到達率，培養了潛在的消費群體。但這種廣告本質上是一種使用者被動、廣告商占主動的廣告，具有一定的強迫性，影響使用者經驗。

（二）基於行動網際網路的消息推送廣告

基於行動網際網路的消息推送廣告一般表現為將廣告資訊置入於 APP 中，當使用者使用 APP 程式時，該應用程式以通知欄消息推送的形式，根據一定的人群細分標準向使用者手機進行定向推送，使用者可以進行點擊查看、下載、轉發等操作。圖 3-30 是手機中出現的小米桌面推送廣告，使用者點擊後可以進入行動應用程式商店進行下載。

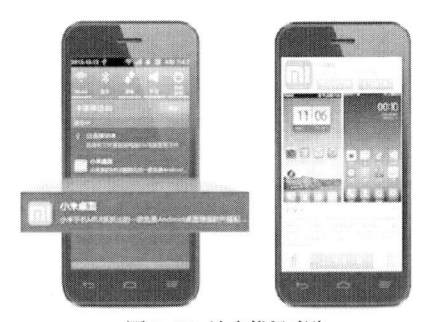

圖 3-30 消息推送廣告

但是由於消息推送廣告具有較大的強迫性，一旦使用過多容易引起使用者反感。

三、互動類廣告

互動類廣告是充分利用手機媒體的互動功能而開發的廣告形式，目前比較常見的有積分牆廣告、推薦牆廣告、手機二維碼廣告等形式。

（一）積分牆廣告

手機積分牆廣告是在手機應用內展示各種廣告任務以供閱聽人完成任務獲得虛擬幣的頁面。廣告任務包括安裝試用優質應用、註冊、填表等，使用者完成任務獲得虛擬幣的同時，應用的開發者也能獲得收入。積分牆廣告為應用軟體提供了展示推廣機會，受到廣告主與應用開發者的青睞。

具體來說，積分牆廣告一般表現為在使用者使用 APP 尤其是玩遊戲的過程中，以文字或按鈕提醒（如「獲取免費金幣」、「精品推薦」等）的形式引導使用者進入積分牆下載頁面，使用者只要下載了相應的應用程式，即可獲得積分（如圖 3-31）。

圖 3-31　積分牆廣告

（二）推薦牆廣告

推薦牆廣告是指在手機應用內展示精選推薦應用的廣告形式，應用內置推薦牆，使用者透過推薦牆頁面，即可下載推薦的應用。推薦牆沒有積分驅動，帶來的轉化更加真實有效，擁有多個 APP 的開發者還可以藉助推薦牆推廣自己的其他應用（如圖 3-32）。

圖 3-3 2　推薦牆廣告

　　推薦牆廣告與積分牆廣告相比具有流量真實、傳播方便、使用者質量高等優點，可以滿足遊戲或應用獲取優質使用者、優質 App Store 榜單、提升搜尋排名等推廣需求。

（三）手機二維碼廣告

　　手機二維碼廣告，是基於原有手機 WAP 平台的一種新的廣告形式，這種廣告形式透過手機二維碼將普通平面、戶外等媒體廣告與 WAP 平台實現有效嫁接，從而為廣告主尋找到了一種新的廣告整合手段，是一條資訊連結的快速通道，對手機廣告的進一步發展造成了積極的推動作用。

　　手機掃碼是使用者掌握主動決定權的行為，因此手機二維碼廣告閱聽人廣告主動捲入程度高，不具有 PUSH 類手機廣告的強迫性。透過手機二維碼技術，使用者進入 WAP 網頁看到的是與廣告產品密切對應或者說專屬於廣告產品的網頁，這種內容上的專屬性以及主動閱讀性極大地提高了閱聽人與廣告之間的互動性，可以說手機二維碼廣告與手機使用者將有可能實現真正意義上的互動。另外，廣告主可以充分利用全面的媒體表現手段如音頻、影片、動畫、螢幕保護程式、手機遊戲、背景主題等增強廣告自身的感染力和表現力，既解決了傳統媒體廣告的版面侷限性問題，又實現了廣告的立體維度。同時，由於手機媒體的特性，手機二維碼也可以精確地跟蹤和分析每一

個媒體、每一個訪問者的記錄，包括訪問者的手機機型、話費類型、訪問時間、地點、訪問方式以及訪問總量等，為企業選擇最優媒體、最優廣告位、最優投放時段提供精確參考。透過後台數據系統平台的分析，對廣告投放的地點、媒體類型進行實時監控和數據分析，為商家使用者使用更高效的廣告投放策略提供有效分析數據。

四、內容服務廣告

手機媒體中的內容服務廣告與網路媒體中較為類似，主要表現形態是手機搜尋和生活資訊服務廣告。作為網際網路搜尋技術與行動通信技術相結合的產物，行動搜尋技術日漸成熟，隨之產生的手機搜尋廣告成為無線網路時代最具潛力的廣告模式。

手機搜尋廣告比網路搜尋廣告具有更強的互動優勢，使用者在獲得搜尋結果後，可以進行下一步的即時互動，如給商家發送資訊、撥打電話、獲取地理位置等導航資訊，甚至可以直接完成交易行為。

五、手機置入廣告

基於手機的置入廣告除了有與網路置入廣告類似的影片置入、遊戲置入、社交媒體置入等形態外，還有兩種特有的置入方式。

（一）手機廠商置入廣告

手機廠商置入廣告是指手機生產企業在手機出廠以前，就已經將產品或品牌資訊以圖片、鎖定螢幕畫面、鈴聲和遊戲等形式置入到智慧型手機中。目前，在安卓系統手機中，使用者在購買到手機時就會發現手機桌面上已經存在各類 APP 程式，這也是手機廠商置入廣告的一種形式。

（二）APP 置入廣告

APP 置入廣告是指將廣告資訊以隱性的方式與 APP 內容相結合，以達到影響 APP 使用者的目的。由於 APP 置入廣告的宣傳屬性不明顯，使用者不容易引起反感，容易帶來口碑傳播。如本章案例導入中提到的墨跡天氣

APP 與可口可樂公司的合作，結合可口可樂的特點為其量身打造「天氣助手」人物形象，並根據不同的天氣和溫度進行溫馨提示，廣告痕跡較少，比較容易為使用者所接受。

第三節 電視新媒體的廣告表現

　　數位媒體技術催生了以網際網路為主導的新興廣告媒體集群，傳統電視廣告媒體也開始受到來自各方力量的侵蝕，漸漸具備了新媒體的基本特徵。隨著有線數位電視的推廣，新媒體得到了前所未有的發展。

　　從廣告經營層面來看，荷蘭 VNU 集團尼爾森市場研究公司在 2010 年左右預測 2015 年互動性電視廣告的收入將出現井噴，達到 80 億元，2020 年將達 200 億元。目前電視新媒體廣告的表現形態主要包括開機畫面廣告、選單式廣告、選單廣告、分類廣告、互動性廣告、VOD 影片點播廣告等。

一、開機畫面廣告

　　開機畫面即機上盒啟動時顯示的界面，播放的廣告一般使用 JPG、GIF、Flash 或影片的文件格式。為了不影響閱聽人的觀看質量，開機畫面廣告一般時長為 5 秒左右。

　　新穎的電視首頁廣告，不僅可以帶來巨額的廣告收入，也可以透過定期更換廣告發布內容，讓電視的開機界面不再單調。在電視首頁可以發布的廣告根據發布位置與廣告形式的不同，可以分為：電視首頁頁面出現前的廣告，以及門戶頁面不同位置出現的標題廣告。譬如，刊頭廣告、搜尋頁面廣告等。

　　另外，根據觀眾點擊後的去向細分為兩種形式：一種是點擊到電視的標題廣告，也就是閱聽人點擊廣告後將進入到電視廣告頁面中；另一種是點擊到網際網路網站的標題廣告，觀眾點擊廣告後將直接訪問到一個網站。

二、選單式廣告

　　互動性電視媒體系統都帶有一個主選單畫面，作為閱聽人選擇相關服務時的主選單，是整個電視平台的門戶。電視首頁是指閱聽人打開機上盒，電

視機所出現的第一個畫面。電視首頁頁面一般主要包含電視節目指南以及方便閱聽人選擇服務導航內容。與網路廣告的首頁廣告類似，選單式廣告是互動性電視廣告的主要陣地。播放的廣告一般使用 JPG、GIF、Flash 或影片的文件格式。

主菜單的內容因地域因素有所不同，一般包含電影片道、數據廣播、影片點播、節目指南、系統設置等幾大框架內容，從而構成導航菜單。閱聽人透過這些導航菜單，進入相應的板塊觀看詳細內容，主菜單界面給閱聽人提供一種界面友好、便於使用、快捷收看節目的方式。

三、選單廣告

閱聽人在電視直播狀態下，操縱遙控器切換頻道時，通常會有當前頻道的資訊出現在螢幕下方，內容一般包括日期、時間、節目進度及預告等，在選台後停留在螢幕下方 3-5 秒，然後消失。在其中部分嵌入廣告資訊，即為選單廣告。播放的廣告一般使用文字、JPG、GIF、Flash 或影片的文件格式。

選單廣告與當前頻道的界面資訊同時出現，同時消失，雖然顯示的時間短，但由於電視閱聽人用遙控器換台動作頻繁，出現的頻率非常高，該廣告位極具商業價值。

四、分類廣告

分類廣告是傳統媒體中尤其是報紙最常見的一種廣告表現形態，是傳統媒體廣告收入的重要來源之一。傳統電視媒體因其不能讓閱聽人有選擇地觀看，做分類廣告幾乎沒有可能，也不能讓閱聽人對感興趣的廣告資訊進一步瞭解。互動性電視媒體解決了這些問題。

互動性電視媒體的分類廣告可以讓閱聽人選擇自己感興趣的資訊，按照類別搜尋所需要的資訊，對感興趣的資訊進行歸類等。這類廣告方式因閱聽人的主動性，廣告效果非常明顯。

五、互動性廣告

互動性廣告，與傳統電視廣告表面上類似。一樣的圖像與衝擊力，區別在於加入了讓閱聽人選擇的「連結」按鈕，閱聽人用遙控器選擇後將跳轉到另一個頁面，專有頁面內會有關於企業、品牌、產品等的詳細資訊。

六、VOD 影片點播廣告

影片點播是互動性電視媒體一項非常重要的服務內容。打開 VOD 畫面之後，會提供給使用者一個典型的 EPG 畫面進行節目選擇。影片點播一般分為準影片點播、真影片電視、訂閱影片點播三種形式。

準影片點播並不能實現真正按需點播，它是電視運營商利用幾個頻道資源按照一定的時間間隔輪播節目，因此閱聽人的每次請求都會有時間的延遲，利用延遲間隔插播廣告。閱聽人並不能對其進行暫停、快進、快退控制。

真影片電視，實現了對每位閱聽人都訂製一個頻道，所有閱聽人可以實現對節目的完全控制。閱聽人透過在機上盒插入已獲得授權的智慧卡按次收費觀看，除非流量限制。真影片電視沒有點播時間延遲，廣告與傳統的電視廣告相類似，均是強行插入。

訂閱影片點播是指基於訂閱的影片點播服務，與真影片電視的區別在於，閱聽人的付費方式是訂閱的，一般情況為包月付費。

【案例】

伊利 QQ 星置入廣告行銷——《爸爸去哪兒 2》

背景介紹：

伊利 QQ 星兒童成長牛奶，是伊利針對兒童成長時期所需的營養需求打造的產品，特含維生素 D、益生元、DHA+ARA 益智組合。從其競品來看，「娃哈哈」、「旺仔」已經具備一定的市場地位和相對穩定的消費群體；蒙牛也在 2006 年推出新的兒童奶——未來星，更為了與伊利 QQ 星競爭宣布升級未來星兒童奶。透過上網搜尋可以發現很多消費者在購買決策中認為伊

利 QQ 星和蒙牛未來星區別不大，這也說明伊利迫切需要增加產品辨識度。目前中國的兒童奶市場一直被蒙牛、伊利、光明三大巨頭分食，伊利要在激烈的競爭中使得 QQ 星在市場中占據主導必須要加大力度。為此伊利 QQ 星透過競價獲得湖南衛視《爸爸去哪兒 2》的冠名權，並在活動過程中透過話題置入、遊戲置入、影片置入等方式開展了一系列品牌傳播活動。

執行時間：2014-06-20 至 2014-10-03

1. 超高黏著度行銷話題：

超高黏著度的行銷話題是其訂製爆點，這讓傳播顯得更加自然，閱聽人也樂意參與其中並產生新的話題促進再次傳播。湖南衛視針對暑假檔這一特殊收視階段，動用所有外宣資源炒作節目，網路、戶外、紙媒等各類媒體，一瞬間鋪天蓋地的話題討論，一波又一波的熱點關注，讓「爸爸」這個詞在整個第三季度成為不可迴避的話題。與此同時，伊利在節目中發起「爸爸節」討論，在微博中發起「爸爸節」互動，同時訂製與「成長」相關話題：成長共識、成長時刻、成長測試等，與湖南衛視緊密溝通，及時進行話題炒作，同步傳遞，形成微博微信雙向互通。

2. 線上線下有機結合：

伊利 QQ 星借勢《爸爸去哪兒》優勢資源，將「參觀伊利工廠」活動升級為全民親子體驗活動，此舉鞏固並擴大品質行銷成果。《爸爸去哪兒》草原專場播出第二天，第一批消費者來到呼倫貝爾伊利牧場，親身體驗親子之旅，親眼見證高品質奶源。

3. 官方微信強勢推動：

順應新媒體發展浪潮，以「參觀伊利工廠」官方微信帳號為唯一報名平台。微信作為一款互動性極強的社交軟體，運用於企業推廣，更是優於許多單向傳播的媒體，而當前 QQ 星購買者大部分為年輕 80 後父母，他們使用微信的頻率高，這樣就擴大了與消費者的接觸面。所以在上線首日，數百參觀名額即被秒殺一空。

除了單個微信號的充分利用外，此次行銷還將集團微信資源整合，深度影響消費群體。

整合集團事業部十餘個官方微信號，啟動「三天倒計時」系列傳播，深度影響約 200 萬微信人群。

4. 發力微博行銷：

在長達一週的公關預熱後，2014 年 8 月 14-15 日，兩天之內，社交輿論的熱情「一觸即燃」。以「萌爸萌娃牧場總動員」等話題在微博上廣泛傳播，而「爸爸去哪兒」主話題新增閱讀總量達到 202.9 億，曝光量增長超過 200 億次，超越「世界盃」71 億的話題閱讀量，成為微博上電視節目閱讀量最高的話題詞。而微博熱搜「爸爸去哪兒」，即滿螢幕灑落「伊利牧場」，有網友戲稱：伊利不光承包了《爸爸去哪兒》，還承包了新浪微博……節目播出過程中使用者邊看節目，還可以邊透過微博發起討論，內容同步到電視上呈現，增加了觀眾的參與熱情。

5. 互動遊戲做有效補充：

開發關於伊利牧場的九宮格趣味遊戲，該遊戲易於上手，可以吸引新使用者，引發使用者的互動、參與和關注，進一步參與到節目內容和置入產品的傳播。

6. 產品上印製二維碼：

這使產品本身作為廣告載體，擴大了影響、減小了傳播成本。而消費者只需要透過掃一掃二維碼這個簡單的動作，就可以進一步參與互動，無形中增加了其參與的積極性。

7. 從第三方視角，持續公關放大：

利用第三方視角如艾瑞網、搜狐財經等深挖傳播點，影響意見領袖，放大長尾效應。第三方視角一方面顯得更公正客觀，增加閱聽人的信任度，另一方面也使得影響進一步擴大，可能吸引更多的人瞭解和參與。

8. 病毒影片傳播引發廣泛傳播：

QQ星健護病毒影片《1000種生病的理由》和QQ星溫馨小貼士這兩個影片收到了很好的傳播效果。其中《1000種生病的理由》影片三天點擊量破千萬，總點擊量3400萬。

透過明星微博發布引爆，名人微博擴大，激發網友自主參與，層層轉發擴散，伊利QQ星實現了網路口碑的快速爆發，網路互動參與人次達51萬（評論、轉發、回覆）。

點評：

隨著傳統媒體與新媒體的進一步融合以及社交媒體的發展，品牌行銷對內容和社交媒體的依賴越來越深。伊利QQ星在強勢冠名《爸爸去哪兒2》後，聯動電視台、影片網站、社會化媒體平台、戶外資源、線下活動、終端賣場等以破竹之勢進行全方位360度整合傳播。透過電視置入、廣告TVC、話題炒作、病毒影片、線下互動、終端促銷等豐富的內容與形式增強了與閱聽人的互動，實現線上線下有機結合，讓QQ星狂潮在全國不斷蔓延，在2014年創造了現象級傳播效果。

2014年，QQ星的關鍵品牌指標、產品銷量均實現了較大幅度增長，且增長幅度高於競品，冠名行銷的價值充分體現。作為中國兒童奶市場的領導者，QQ星藉助《爸爸去哪兒2》整合行銷在全國掀起品牌攻勢，形成對競品的全面壓制，進一步鞏固市場領導地位，成為娛樂整合行銷與置入廣告行銷的又一經典案例。

【知識回顧】

伴隨著新媒體的發展，與不同媒體形態特徵相匹配的廣告形式被不斷挖掘和開發。但是由於新媒體的開放性特徵，媒體經營組織數不勝數，不同媒體經營者對廣告表現形態和發布標準均未達成共識，往往同一類型廣告存在不同稱謂，這導致新媒體廣告的表現形態看上去更為複雜。從宏觀上，我們可以根據廣告呈現方式的不同，大體上將各類新媒體廣告劃分為展示類廣告、內容服務類廣告、置入類廣告、推送直接廣告這四類。在網路廣告中，有以

旗幟廣告、按鈕廣告、移動圖標廣告、通欄廣告、摩天樓廣告、對聯式廣告、全螢幕廣告、彈出視窗廣告、畫中畫廣告等為代表的圖形展示廣告；有以影片插入廣告、豐富多媒體視窗廣告等為代表的影片類廣告；有以搜尋廣告、分類廣告、文字連結廣告為代表的內容服務廣告；以影片置入、遊戲置入、社交媒體置入為典型方式的置入式行銷；以電子郵件廣告為代表的網路直接廣告等。而對於手機廣告而言，其既打上了網路廣告的烙印，同時擁有其自身的特色。有以手機橫幅廣告、彈出式廣告、全螢幕廣告、手機影片廣告為代表的展示類廣告；有以簡訊、多媒體、語音廣告為代表的PUSH類廣告；有以手機積分廣告、推薦牆廣告、手機二維碼廣告為代表的互動類廣告；有以手機搜尋為代表的內容服務廣告以及手機置入廣告等形式。互動性電視媒體雖然發展較為滯後，但目前已經出現了開機畫面廣告、選單式廣告、選單廣告、分類廣告、VOD影片點播廣告等廣告形式。

【思考題】

　　1. 不同的網路廣告表現形態在廣告資訊傳播上分別具有哪些優勢和特點？

　　2. 不同的手機廣告表現形態在廣告資訊傳播上分別具有哪些優勢和特點？

　　3. 互動性電視廣告形態還有哪些發展空間？

第四章 新媒體廣告策劃與運作

【知識目標】

☆新媒體廣告策劃的原則、內容、流程

☆新媒體廣告創意的特點及創意方法

☆新媒體廣告預算的特點、方法

☆新媒體廣告的計費方式

☆新媒體廣告效果評估的特點、內容、指標

【能力目標】

1. 能以相關理論為指導進行新媒體廣告策劃活動

2. 能以相關理論為指導進行新媒體廣告創意活動

3. 掌握新媒體廣告的預算方法並應用於實踐

4. 理解新媒體廣告效果的評估指標並應用於實踐

【案例導入】

2015年4月15日，對於北京來說是個不尋常的日子。在這一天，北京遭遇了13年來最強的沙塵天氣，而最受人矚目的不僅於此，還在於一天之內的天氣狀況的風雲驟變：上午陰天，中午陰轉多雲，下午突發沙塵暴，漫天黃沙，傍晚雷陣雨，接著迎來六七級至九級大風。微信朋友圈幾乎被關於天氣的話題刷屏，人們或議論、或調侃、或抱怨這惡劣的怪天氣，有網友調侃，這樣的天氣出門需要戴口罩、帶雨傘、帶衣服、帶秤砣！下午5點多，正是下班晚高峰，沙塵暴開始肆虐，夾雜著風的嘶叫聲，空氣裡瀰漫著嗆人的塵土味，整個城市被黃沙籠罩，像即將淪陷的世界末日，馬路上的行人瞇眼皺眉，焦灼地等待各種交通工具，盼望能早一分鐘到家。

在這一時間點，滴滴打車透過手機簡訊的方式，向所有使用者發送出了一條推送廣告：「老天一定在今天用完了一整年壞天氣，你也一定經歷完了一整年的不順利。免起步的滴滴專車，正在接你的路上【滴滴專車】。」緊接著，有網友在微信朋友圈曬出了這一暖心的廣告。

結合這條案例，試思考：新媒體廣告策劃具有哪些特點？在新媒體環境下應如何轉變創意觀念？

任何成功的廣告策略，都離不開周密的廣告策劃與運作。在新媒體環境下，廣告策劃與運作方式既有對傳統理念和操作方式的沿襲，同時，面對新的技術環境、新的媒體形態、新的資訊傳播方式以及新的閱聽人行為模式，廣告運作各環節又分別呈現出不同的特點，並發展出不同的方法和規律。本章重點介紹新媒體環境下的廣告策劃、廣告創意、廣告預算及廣告效果評估這四個主要環節的運作規律和相關方法。

第一節 新媒體廣告策劃

新媒體廣告策劃是指根據廣告主的行銷目標和廣告目標，在新媒體廣告活動過程中進行的策略和策略上的規劃。新媒體廣告策劃是整體廣告運作的核心環節，規定了廣告活動的主要內容及基本框架，廣告策劃成功與否，關係到整體廣告活動能否順利進行，以及能否達到預期的廣告效果。

一、新媒體廣告策劃的原則

廣告策劃有著自身的規律，新媒體廣告策劃雖然是在新的市場環境和媒體環境下開展的，但是也要遵循一般的廣告策劃規律，同時又要結合新媒體的特性，才能達到預期的廣告效果。具體來說，新媒體廣告策劃應遵循以下幾個基本原則。

（一）整體性原則

任何廣告策劃活動都不是孤立的，策劃的整體性原則表現為兩個方面。

其一，新媒體廣告策劃不僅僅是新媒體廣告活動的核心環節，它還是企業行銷策劃系統中的一個分支和重要組成部分。因此，新媒體廣告策劃必須服從企業行銷策劃，與企業行銷策劃中的各項策略協同作戰，形成一個協調統一的大系統，共同發揮作用。

其二，新媒體廣告策劃在廣告活動中居於核心地位，因而能夠做到使廣告活動中的廣告調查、廣告創意與表現、廣告製作與發布、廣告效果測定等各環節協同作用，融為一個有機的整體。正因為每一個環節都會對整個廣告活動系統產生影響，所以在新媒體廣告策劃的過程中必須把握整體性的原則。

（二）互動性原則

新媒體最大的特性就是互動性強。新媒體在傳播的過程中，傳者和受者可以實現即時互動，新媒體使用者使用手機看影片、讀新聞，可以隨時評論、轉發或直接進入社區討論，其互動性是傳統媒體所不具備的，因此，新媒體廣告策劃要充分發揮新媒體互動性的特點，實現新媒體廣告與閱聽人的互動與溝通。閱聽人可以深入新媒體廣告中增強自身體驗，根據各種交流情境，對自己觀看、觸摸、閱讀和使用的東西加以理解、思考和談論，從而加深閱聽人對廣告的理解。

（三）目的性原則

人類的策劃活動總是圍繞著明確的既定目的而展開，新媒體廣告策劃也是如此。「對於一個企業而言，在其經營過程中，可能會針對各種具體情況同時制定出若干種目標。廣告活動處於企業經營目標指導之下，往往也會面臨多個目標需要謀劃。不過，對於每一次既定的廣告活動而言，其能夠實現目標的數量是有限的，為了集中火力、避免分散實力以便實現更好的廣告效果，每次廣告活動最好只瞄準一到兩個目標。」那麼，作為廣告活動運作之前的運籌和謀劃，新媒體廣告策劃需要明確每一次廣告活動的目標，以目標為線索，將廣告活動的不同環節連接起來，以實現有條不紊的活動安排，有針對性地提出策略和策略，做到有的放矢。只有這樣，才能為新媒體廣告活動理想開展打下堅實的基礎。

(四) 創新性原則

通常我們認為，在廣告活動的諸環節中，廣告創意是最需要求新、求異的。相對而言，廣告策劃具有很強的科學性和規範性，在廣告策劃中，比起創造性思維，我們更需要嚴密的邏輯思維。但是，在新媒體環境下，策略與創意的界限逐漸模糊，新媒體廣告策劃同樣需要運用大量的創新思維。一個新媒體廣告活動要想吸引並打動消費者，必須在策劃階段積極大膽求新求異，而絕不能四平八穩、人云亦云。所以，新媒體廣告策劃要具有創新性。新媒體廣告策劃的創新性原則要求在廣告全局規劃和廣告各環節都積極探索，大膽創新，在廣告策略和策略方面都有獨到之處。

(五) 靈活性原則

在數位技術的支持下，新媒體廣告形式多樣、流傳性廣、發布及時。閱聽人可以將廣告資訊隨時保存，隨時諮詢廣告主，需要時可反覆閱讀，並可隨時發送給感興趣的朋友。廣告主可根據產品特點，彈性選擇廣告投放時間，甚至具體到某個時間段內發布。新媒體廣告可以涵蓋閱聽人視線所能達到的地方，並且不受時間、地點的限制，具有靈活性。因此，新媒體廣告策劃要體現出新媒體廣告的特性，做到反應迅速、靈活多變。

(六) 可操作性原則

廣告策劃的最終目的是要在廣告活動的運作過程中進行操作，因此，廣告策劃的每一個具體的步驟和方法都必須是可以實際操作的，而不是紙上談兵。由於新媒體廣告的多樣性和存在的諸多不確定因素，因此，新媒體廣告策劃更要注重可操作性。

新媒體廣告策劃的可操作性原則，首先要注意到廣告策劃必須結合企業實際，也就是說，在企業現實條件下，新媒體廣告策劃的目標和手段具有可行性。策劃必須對企業負責，而不能脫離企業實際。其次，新媒體廣告策劃的每個環節都必須是能夠實際操作的。廣告策劃方案是廣告活動的總結，其中創意方案、媒體計劃與組合策略方案、效果測定方案、預算方案等具體環節都應當是具有很強實用性、可操作性的實施方案。

二、新媒體廣告策劃的內容

新媒體廣告策劃形式多樣、靈活多變，我們在進行新媒體廣告策劃過程中主要從哪些方面入手，這是擺在廣告人面前的一個非常重要的問題，也就是說，新媒體廣告策劃的具體內容包括哪些？一般情況下，我們進行新媒體廣告策劃要準確把握目標閱聽人、廣告資訊表達和廣告傳播方式。

（一）廣告目標閱聽人策劃

新媒體廣告策劃首要針對目標閱聽人而展開。目標閱聽人策劃根據閱聽人的生活習慣、消費行為、消費心理以及媒體接觸行為及其特點等，做出具體的策略考慮和戰術選擇。為了迎合閱聽人的消費需求，新媒體廣告策劃針對目標閱聽人開展分眾傳播、聚向傳播和定向傳播的定向傳播，將廣告內容和資訊有針對性、一對一地傳送給需要得到資訊的消費者，引起閱聽人的注意和興趣，消除對廣告的抵制心理，提高廣告的到達率，產生更多的經濟效益。美國著名的廣告專家丹·E·舒爾茨曾經說過：「試圖用一個策略去傳達給太多的人和太多的人實在是一項風險。試圖對一個更廣大的市場誇張一項利益，希望藉以吸引更多的人士幾乎永遠是一種錯誤。」在新媒體環境下，廣告傳播更加個性化，新媒體廣告策劃更應該先對廣告閱聽人的人口因素、生活方式、行為特點、文化因素等方面進行細緻深入的研究，重點是對各類消費者的消費方式和消費行為的分析，為廣告後期的「投其所好」打下基礎。

（二）廣告主題策劃

廣告主題是廣告作品的中心思想，是廣告主透過廣告試圖向目標閱聽人說明的基本問題，它像一根紅線貫穿廣告之中，使組成廣告的各要素有機地組合成一則完整的廣告作品。主題的策劃是如何更準確地確定商品的位置，概括商品能夠給顧客帶來的物質和精神意義，這是確定廣告傳播的核心概念，也是廣告的訴求重點。廣告主題要從所宣傳的商品、服務、企業和觀念中找出理由，藉以挑起目標消費者的興趣，激發目標消費者慾望，說服目標消費者購買，並與其他的商品、服務、企業和觀念相區別。新媒體廣告主題的策

劃主要根據消費者的物質需求和精神需要制定對應的廣告訴求重點。為了使消費者能更好地接受廣告所要表達的主題思想，應使廣告主題具有以下特徵：

1. 顯著性。主題的顯著性能更好地刺激閱聽人，最大限度地引起人們對主題的注意。廣告策劃的目的就是透過廣告引起閱聽人的注意、興趣、記憶、慾望以及產生購買行為，讓廣告的訴求重點成為消費者感興趣的賣點。

2. 趣味性。幽默有趣的廣告與互動性傳播相結合能讓閱聽人對廣告留下深刻的記憶。

3. 易懂性。通俗易懂、平易近人的廣告能更好地被消費者理解和接受，將廣告的核心資訊更準確地傳遞給廣告閱聽人。

4. 統一性。為了保護廣告資訊傳播的連續性，增加廣告的累積效應，使廣告資訊具有內在的統一性，就必須保持廣告主題的統一。

5. 創新性。廣告主題以創意為基礎，幫助客戶品牌的廣告抵擋住競爭廣告的攻勢，使得資訊有更好的機會被閱聽人吸收，給人留下更長久的印象。

（三）廣告媒體策劃

新媒體環境下的廣告媒體策劃是將現有多種媒體進行選擇與組合，最大限度地發揮各種媒體的影響力，從而達到廣告目標。僅憑藉單一媒體向消費者訴求，極易淹沒在媒體的相互干擾中，很難引起消費者的注目與關心。為了使廣告資訊更容易被消費者注意與記憶，必須根據廣告主題進行廣告媒體的選擇與策劃，根據選擇媒體的結果和廣告的目標進行搭配組合。這是因為：首先，每種媒體都有其特定的閱聽人群，不可能涵蓋所有的目標對象，靠單一媒體是不能有效鎖定所有的目標對象的；其次，今天的消費者獲取消費資訊的途徑是多樣化的，如果只是死守單一媒體，將失去其他與消費者接觸的機會，無法獲得期待的認知；最後，媒體本身所具有的屬性特徵不同，也決定了不同媒體在同一廣告活動中扮演著不同的角色，而不同角色之間的相互補充和相互強化，更能達到廣告的有效傳遞。因此，綜合考慮媒體自身的特性，對媒體進行有機組合的媒體策劃，是決定廣告傳播效果的關鍵一環。新

媒體環境下的廣告策劃應根據廣告目標的特徵、透過廣告媒體組合宣傳建立良好的產品品牌形象和企業形象。

三、新媒體廣告策劃的流程

新媒體廣告策劃對於新媒體廣告運作非常重要，作為廣告活動的系統規劃，廣告策劃必然要依照一定的程式來進行。結合廣告運作的規律和新媒體的特點，新媒體廣告策劃一般應遵循下面的流程。

（一）行銷分析與消費者洞察

廣告是行銷的重要手段，作為從事廣告活動，不管是否參與廣告客戶行銷計劃的制定，都需要清楚地瞭解企業的整體行銷計劃。儘管廣告並非行銷，廣告策劃並非行銷計劃，但廣告作為市場行銷的一個不可缺少的組成部分，廣告策劃作為整體市場行銷的一個組成部分，必須服從於企業行銷計劃的整體規定性，廣告只有在與其他行銷要素整合的前提下，才有可能使廣告運作有效地配合整體行銷運作，從而實現廣告運作的目的和促進市場行銷目的和效果的達成。新媒體由於具有較好的互動性，可以實現傳播者和閱聽人的溝通交流，這非常有利於消費者的調查瞭解。因此，新媒體廣告策劃首先就是要充分發揮新媒體的特性，實現與消費者互動溝通，做好對消費者的洞察。

（二）確立廣告目標

廣告活動的所有努力，集中到一點上，就是實現預定的廣告目標。確立廣告目標是廣告策劃過程中的關鍵性步驟，它指示著廣告運作的具體目標和方向，它決定著廣告策劃如何發展。新媒體廣告策劃中，目標市場的選擇，廣告策略的採用，廣告預算等，最終指向都是為了達到一定的廣告目標。

針對新媒體廣告策劃而言，我們一般從兩個方面確立廣告目標：一個是廣告行銷目標，另一個是廣告傳播目標。對於廣告客戶而言，總是希望廣告運作能夠實現其行銷目標。就廣告的終極目的而論，任何廣告的最終目的都是為了促進產品的銷售。但是銷售目標，並不等於廣告目標，銷售效果並不全部等於廣告效果。在新媒體傳播環境下，傳統廣告方式已經發生變化，赤

裸裸的廣告叫賣遭到廣告主和消費者的拒絕。因此，新媒體廣告策劃不能只是考慮產品銷售目的，更重要的是要實現品牌形象塑造與傳播。

（三）規劃達到廣告目標的策略和手段

廣告目標確立之後，就要開始規劃達到這一廣告目標的策略和手段，其中包括目標閱聽人以及細分市場的選擇、廣告訴求、廣告表現以及媒體策略的制定，為配合廣告運作的促銷建議，整體廣告運作執行的具體日程安排等。新媒體廣告策劃在這一階段，尤其要綜合分析廣告主題與廣告創意等策略選擇是否適應新媒體傳播形式，媒體閱聽人是否能夠涵蓋產品消費者，新媒體廣告發布的時機能否引爆閱聽人的興趣點等。簡而言之，新媒體廣告策劃在這一階段的任務就是要以最恰當的廣告內容，在最合適的時機，透過最適當的傳播途徑，將廣告資訊傳遞給目標閱聽人，從而最有效地實現預定的廣告目標。

（四）建立廣告活動評估方案

廣告運作的事後評估，是科學廣告運作的一個不可缺少的環節。新媒體廣告策劃之初就應該建立廣告事後評估方案，這不僅是從廣告活動事後評估的重要性來考慮，也是為了避免在廣告活動事後評估問題上的隨意性和非科學性。由於新媒體具有針對性強的特性，特別是隨著大數據的興起，我們更容易瞭解新媒體的閱聽人是哪些人，他們有什麼樣的興趣、愛好等，這為新媒體廣告的精準投放提供可能。所以，新媒體廣告策劃要建立廣告活動評估方案，新媒體廣告策劃中廣告運作事後評估方案的重點是測定廣告目標的達成情況。

【延伸案例】

吉野家的新媒體廣告策劃

網際網路時代，閱聽人呈現高度碎片化，網路的去中心化使得草根崛起，品牌與消費者溝通多元發展，如何利用新媒體實現品牌與消費者的有效溝通

是廣告人面臨的重要問題。吉野家的「手工派」活動為新媒體廣告策劃提供了一個有益的借鑑。

1. 好產品還需好傳播

過去人們常說「酒香不怕巷子深」，但現在不同了，再好的產品，如果沒有好的傳播，也是「養在深閨人未識」。這對於吉野家招牌牛肉飯來說可謂是深有體會。吃過吉野家的招牌牛肉飯的食客紛紛讚不絕口，稱其味道讓人回味無窮。毫無疑問，吉野家招牌牛肉飯是好產品，然而，接下來，問題來了，如何把吉野家招牌牛肉飯的好口碑傳播出去呢？如果沿用傳統的電視廣告、報紙廣告等形式，很難打開競爭激烈的餐飲市場局面。正是認識到這一點，吉野家的廣告策劃人員拋棄了傳統廣告方式，於是一場牛肉飯的網際網路廣告行銷大幕開啟。

2. 網路「病毒式」傳播的招數

我們來看看吉野家招牌牛肉飯的網際網路行銷都使用了哪些招數。

（1）網路文章預熱。「揭祕吉野家招牌牛肉飯怎麼做」、「冒死潛伏吉野家偷出招牌牛肉飯祕笈」等短文見諸各大網站論壇，引起了眾多消費者的關注。一些消費者嘗試去做，可是無論按照哪一種攻略，都做不出吉野家招牌牛肉飯的那種味道。吉野家的招牌牛肉飯，到底有什麼訣竅呢？這引發了消費者探究的興趣。

（2）推出吉野家招牌牛肉飯製作影片（如圖4-1所示）。影片一經上傳，即刻引發網路熱議，網友紛紛感嘆「大讚，中國版壽司之神」、「看哭了，以後要好好對待牛肉飯」、「以後去吉野家吃牛肉飯，一定要吃的一粒米飯都不剩」。

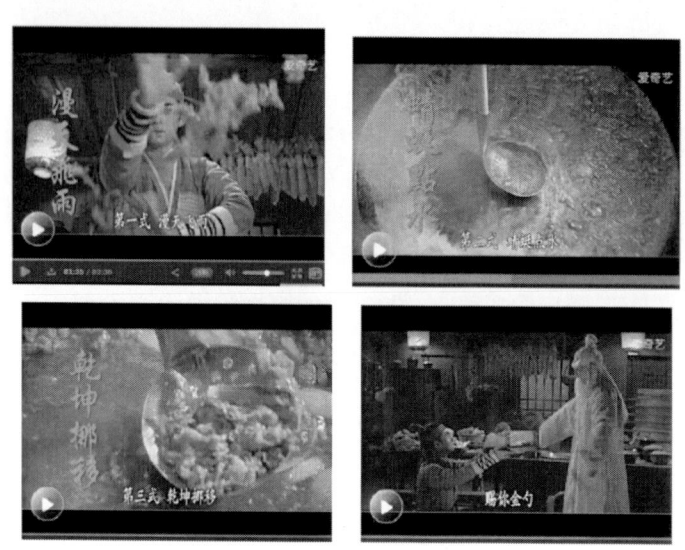

圖 4-1　吉野家影片廣告畫面

（3）利用意見領袖將話題持續傳播。不但有五嶽散人、西門不暗等微博認證使用者加入到傳播活動中，美食家蔡瀾先生也捲入其中，推波助瀾、擴大影響。最終，影片的總點擊量突破了 1000 萬，並在微博上迅速擴散。

3. 線下門市聯動，強化傳播落地

如果僅僅止於微博宣傳，吉野家這次新媒體廣告策劃活動並不算是很成功。為了配合線上微博微信等渠道的熱炒，吉野家在線下做起了活動。吉野家門市員工換上特別訂製的手功派服裝，鄭重的宣示：我們是手功派，吉野家的每一碗牛肉飯都是新鮮手作。藉助線下活動，吉野家「手功派」的概念，很快地被認可。很多消費者表示「從來不知道吉野家招牌牛肉飯做得那麼用心」，紛紛表示「這碗飯也是蠻拼的」。

4. 全民招募，增強消費者體驗

為了加強品牌與消費者互動，增強消費者的體驗，廣告策劃人員又發起「手功派招募」活動，引發了全民狂歡。吉野家手功派招募的條件非常簡單：十指靈活，手功了得，愛心滿格，熱情似火。網友紛紛曬出自己的非凡手功，

參與到活動中來。應徵手功派話題奪得新浪熱門話題 Top1，話題關注度超過 6700 萬人次。隨後，吉野家官方微信順勢推出了「手功派大招募」遊戲，遊戲透過招募手功派成員，成功地將消費者變為自己忠實的顧客。

解析

縱觀整個「手功派」廣告策劃，最大的成功之處在於對社會趨勢和消費群體的深刻洞察，讓消費者參與其中，一起互動體驗，深得新媒體廣告的精髓。吉野家這次新媒體廣告策劃主要體現了以下幾點。

（1）網路影片的「病毒式」傳播。廣告策劃先從一段網路影片入手，配合短文宣傳，形成病毒式傳播，快速擴散。

（2）利用社交媒體製造話題。廣告策劃運用微博、微信等社交媒體開展全民話題＃應徵手功派＃熱議，產生巨大的社會反響，並持續維持話題關注度。

（3）線上與線下結合。線上傳播與線下活動結合，創造一個聚焦勢能的機會，共同助推吉野家「手功派」，激發渠道熱情和銷售力量，同時「手功派」的概念也大大提升員工內部的自豪感，從而更主動有效地將吉野家「手功派」傳遞給消費者。

（4）吸引消費者參與。運用體驗式行銷，讓消費者參與到活動中，共同體驗，充分發揮了新媒體的特性。

（5）發揮意見領袖的作用。在本次策劃活動中，充分發揮網紅和名人在活動中的引領作用，調動消費者的參與積極性。

第二節 新媒體廣告創意

廣告創意指的是在廣告活動過程中，為達成特定的廣告目標所開展的創造性思維活動，既具有藝術的特質，又具有行銷活動的基因。好的廣告創意必然是藝術與科學的結合體，廣告創意理念和創意方法也會隨著外部環境的改變而不斷發生變遷。一直以來，廣告創意被視為廣告的靈魂，是將廣告賦予「精神及生命」的力量。在數位化時代，面對碎片化的媒體環境、多樣化

的閱聽人需求，新媒體廣告創意正面臨著新一輪的挑戰。如何利用現有的技術條件，充分發揮新媒體的傳播優勢，促進廣告創意升級，是目前廣告創意人員正在探索的問題。

一、新媒體廣告創意的特點

作為一種創造性思維活動，新媒體廣告創意相對於傳統廣告創意而言，在創意理念和表現手法上具有一定的傳承性；同時，作為與市場環境密切相關的行銷活動的組成部分，其又因媒體環境和行銷環境的變化而呈現出不同的特徵，新媒體環境下的廣告創意主要有如下幾個典型特點。

（一）創意內容的豐富性

對於傳統媒體廣告創意而言，大多特指對廣告作品的創意，如某一則或一組平面廣告作品創意、影視廣告作品創意。而在新媒體中，由於新媒體的超連結的特點，一則廣告可以承載的資訊容量更為豐富，可以從不同層面不同深度建立與使用者的關聯。相應地，新媒體廣告創意的內容也需要進行延展，不僅要考慮對第一級展示頁面的創意形式，還應對使用者點擊進入後的下一級頁面進行創意設計，比如如何採用更為新穎的方式連結相關資訊、如何全面展現產品或服務、如何加強使用者的參與度、如何與使用者互動、如何與其他線下活動建立關聯等，這都屬於廣告創意的新範疇。

（二）創意維度的多樣化

新媒體廣告表現形態的多樣化決定了其具有豐富的創意維度。相比於傳統媒體廣告以「展示型廣告」為主的單一維度而言，新媒體廣告的表現維度更為多樣化，既涉及廣告的展示方式，還要考慮彈出方式、互動方式、響應方式等，在每個維度上都有發揮創意的空間。比如在展示廣告中，有旗幟廣告、按鈕廣告、對聯廣告、移動圖標廣告、摩天樓廣告等，不僅可以針對任一種廣告形式進行創意想像，還可以不斷發展出其他類型的展示廣告；對於互動方式而言，不同的媒體終端和媒體形態也可以發展出各具特色的互動方

式，如將產品或品牌嵌入到遊戲環境中，使用者在玩遊戲的過程中潛移默化地接受品牌資訊等。

【案例】

　　國際品牌 Dior 迪奧曾推出一款名為「甜心精靈」的淡香水，其將該款香水的消費對象定位為俏皮、活力，公然對抗世俗的一成不變與庸庸碌碌的新一代年輕女性。結合產品特徵，廣告代理公司傳漾科技在為其做的新品網路推廣活動中，將廣告創意與各種廣告形式完美融合，採用了全螢幕轟炸式廣告、裝扮成歷史人物的影片、畫中畫內嵌等，在短時間內得到大量曝光，產品形象深入人心，從而迅速占領奢侈品市場。

（三）創意手段的技術性依賴性

　　每一次媒體形態的深刻變革都源於技術手段的更新，對新媒體而言更是如此，附著於新媒體之上的廣告創意與技術的運用密不可分。比如二維碼技術催生了以二維碼為橋梁的互動廣告，使用者可以用手機掃描二維碼廣告後參與活動、獲得品牌或優惠推廣等資訊；利用手機的重力感應技術的互動廣告也較為普遍，使用者可以透過搖一搖等手段參與廣告互動；此外，虛擬現實技術可以讓閱聽人在廣告畫面中產生身臨其境的感覺，極大豐富了閱聽人的實景體驗，一些汽車廣告利用虛擬現實技術，讓使用者拿著手機就可體驗真實的駕駛樂趣。

【案例】

　　星巴克曾經推出一款專門為聖誕咖啡杯量身訂製的擴增實境 APP，下載 APP 後，只要將攝像頭對準聖誕節特別版的馬克杯以及其他近 50 種相關產品，螢幕上就會出現豐富的擴增實境動畫，並與代表使用者角色的松鼠、小狗、狐狸、溜冰手和雪橇男孩兒等形象進行互動，使用者可以保存畫面，也可上傳到社交網站分享或是製成電子賀卡。（如圖 4-2）

圖 4 - 2　星巴克擴增實境技術的應用廣告

這些案例無疑都需要透過技術手段才得以實現，因此可以說在新媒體領域，廣告創意對技術的依賴程度前所未有之高，若沒有創新的技術手段，新媒體廣告創意等於是無源之水，無本之木。

（四）創意平台的融合性

新媒體廣告創意的另一個重要特點即創意平台的融合性，具體表現為三個方面：一是媒體融合；二是內容融合；三是形式融合。

1. 媒體融合

在傳統媒體中，不同媒體形態間的廣告各自為政、涇渭分明，平面廣告與影視廣告之間基本沒有交集；而新媒體廣告可以利用各種技術手段，將不同媒體形式透過新媒體廣告創意進行關聯，並藉助多種媒體的共同作用達成廣告創意的價值提升，新媒體廣告可以與平面媒體融合、與戶外媒體融合，也可與廣播和電視媒體融合。

2. 內容融合

由於新媒體環境下使用者的自主性極大提高，使用者更願意對浩如煙海的資訊進行主動搜尋和選擇，而非被動接受。因此新媒體廣告創意的隱蔽性越來越強，往往將廣告資訊融入內容和其他資訊之中，使使用者在瀏覽內容時潛移默化地受到影響。比如原生廣告就是內容融合的典型表現。

3. 形式融合

　　形式融合主要體現在廣告創意與其他行銷手段的融合。在傳統行銷中，廣告、公關、促銷、銷售等是截然分開的不同領域，各司其職：廣告用以傳播品牌資訊，公關用以維護關係，促銷帶來嘗試購買和銷量提升，銷售達成業績。而在新媒體環境下，各種行銷方式之間的界限越來越模糊，一個行銷事件往往既是廣告，又是與閱聽人溝通的渠道，同時還涵蓋即時促銷活動，是整體銷售的重要組成部分。因此，新媒體環境下的廣告創意常常不是獨立的廣告作品的創意，而是一個整體行銷事件兼廣告活動創意。

二、新媒體廣告創意的相關變遷

　　新媒體的迅速發展，使各行各業都經歷著歷史性的洗禮，廣告行業作為走在市場最前端的行業，對環境的變化更為敏感。自新媒體誕生以來，廣告行業一直在摸索中前行，新媒體廣告創意相對於傳統媒體而言，在創意流程、閱聽人接受方式、創意標準上都在悄然發生變化。

（一）廣告創意流程的變化：線性走向整合

　　近年來，隨著新媒體技術的發展，傳統的廣告創意流程正在發生著巨大變化。在傳統廣告運作中，一個從消費者的需求出發的廣告創意的誕生，通常要依次透過市場調研部、策劃部，然後由廣告公司的客戶部將策略單下達給創意部，創意部按照客戶部的意圖進行相關的創意構思以及概念視覺化工作。在這個線性運作模式中，創意環節一直處於廣告工作流程的後段。而在新媒體環境中，原有的線性流程正在被打破，取而代之的是以創意為中心整合所有廣告環節的整合型運作模式，創意人要在第一時間參與到廣告創作中，在廣告活動的各個環節建立與閱聽人溝通的機會，廣告創意由具體化、細節化轉向框架與整合。

　　著名的廣告公司日本電通面對新媒體環境，已經在廣告流程上做出了一些調整：公司在接到合作項目後，廣告創意人員必須在第一時間參與到廣告項目中，比如在產品開發階段，創意人員透過前期的市場調研為企業的產品研發出謀劃策；在廣告活動階段，制定具有創意的廣告策略；在廣告發布階段，

協助開展媒體推廣活動等。可以說，現階段廣告公司的創意重心已從簡單的對產品資訊進行包裝和美化，全面升級為對廣告活動進行宏觀的、全局的策略性引導。如何制定大的創意框架，如何能夠吸引目標消費者的目光並使其參與其中，如何能夠對相關創意內容做出正確的引導和規範等，是當前所有廣告創意人工作的重點。

（二）創意模式的變化：「議題控制」轉向「議題設置」

在傳統媒體環境中，一般認為消費者從接觸資訊到最後達成購買，從行為模式上看遵循著 AIDMA 法則，即引起注意（Attention）、產生購買興趣（Interest）、決定購買（Desire）、產生記憶（Memory）、最終完成購買行動（Action）。鑒於該行為模式的特點，傳統的廣告創作，一般由廣告人確定好創意主題和創意內容，然後透過視聽傳播符號吸引消費者，並向其傳達相關產品或品牌資訊，從而促進最後購買行為的達成。在這種創意模式下，廣告創意人員可以說發揮著議題控制的功能，閱聽人是被動的接受者。

在新媒體環境下，傳統的閱聽人從單純的廣告資訊被動接受者，轉變為廣告活動參與者及資訊發布者，他們會根據自己的需要主動搜尋資訊，對自己認可的資訊會進行分享，成為主動傳播者。基於這一行為特點的變化，日本電通廣告公司在 AIDMA 的基礎上提出了一種全新的消費者行為模式，即「AISAS」。該模式詮釋出了新媒體環境下消費者的行為過程，即注意（Attention）、興趣（Interest）、搜尋（Seareh）、行動（Action）和分享（Share），該模式與 AIDMA 最大的不同在於「搜尋（Search）」和「分享（Share）」的出現，充分顯示出了新媒體時代消費者的行為特點。

面對閱聽人行為模式的巨大變化，對廣告創意人員來說，其創意模式也正發生著變化，創意人員的角色由傳統的議題控制者，轉變為了議題設置者，創意的重點在於如何設定廣告議題，吸引新媒體使用者參與其中，並進行再創造和二次傳播，從而達到使議題火爆的目的。

（三）廣告創意評價標準的發展：「大創意」變身「有創意的溝通」

傳統媒體時代，廣告創意的評價標準一般集中在於廣告作品本身，如廣告大師伯恩·巴克把廣告創意的評價標準歸結為 ROI，即相關性（Relevance）、原創性（Originality）和衝擊力（Impact），廣告創意人員追求經過頭腦風暴後產生的能打動人心的「大創意」，再將這種「大創意」透過大眾媒體進行廣泛傳播，從而產生較大的社會影響。

而在新媒體環境下，一方面媒體碎片化趨勢明顯，閱聽人形態從傳統的「大眾」消解為「分眾」和「小眾」，沒有任何一種媒體能夠透過自己強勢的聲音向所有的消費者傳輸資訊；另一方面，資訊的爆炸式增長使得人們的注意力更為分散，對與自己無關的資訊都產生了較強免疫力；此外，新媒體搜尋資訊的便利性使閱聽人不再是被動的資訊接受者，他們更願意主動尋找與自己相關或能引起共鳴的資訊。在這種背景下，傳統的「大創意」式廣告已經越來越難以吸引使用者注意，任何廣告要想吸引閱聽人，都必須將創意滲透進廣告活動的全過程，在每一個與使用者的接觸點上尋找與使用者的溝通機會和溝通方法，贏取閱聽人信任，引起情感共鳴，並吸引使用者參與其中。因此，曾有人提出，新媒體時期的廣告創意評價標準已由 ROI 轉變為 SPT，即可搜尋性（Searchable）、可參與性（Participative）和可標籤性（Tagable）。

三、新媒體廣告的創意方法

資訊爆炸是新媒體的最大特點之一，而在這種資訊資源極度豐富的媒體環境下，廣告要吸引閱聽人注意並引起後續行為並非易事，新媒體廣告長期以來為人詬病的極低點擊率就是很好的證明。有數據顯示，目前網路媒體中的橫幅廣告點擊率不足 0.1%，行動媒體廣告點擊率稍高，但平均點擊率也不足 1%。與極低點擊率形成鮮明對比的是，有一些具有創意的廣告資訊卻受到了使用者的熱情追捧，並不斷透過社交網路進行分享和轉發，傳播效果非常明顯。從創意方法上看，新媒體廣告與傳統廣告具有一脈相承的共通之處，比如在廣告構圖上、色彩運用上、廣告創意元素的選擇上等，都遵循著廣告創意的一般規律。同時，廣告公司和廣告主正在不斷摸索基於新媒體特

點的，新的創意方法，其中，如何發展交互性創意、精準化創意以及如何與閱聽人有效溝通，這是目前新媒體廣告創意中的核心問題。

（一）交互性創意——尋求技術與媒體的有效融合

互動性是新媒體區別於傳統媒體的最大特點之一，相應地，能激發閱聽人進行參與和互動也是新媒體廣告創意中的最大亮點。尤其是隨著手機媒體的廣泛使用，以手機為終端或紐帶的互動性廣告有了更為廣闊的發展空間。在新媒體環境下如何創作出具有特色、能體現交互特點的創意，關鍵在於找到技術與媒體特色之間的融合點。

1. 網路媒體的交互創意

對於網路媒體而言，最大的特點是可承載的資訊容量大，擁有豐富的廣告表現空間；此外，滑鼠和鍵盤的使用更便於使用者輸入較長的資訊，以及完成一些更為複雜的操作，如互動遊戲等。因此，網路廣告創意可充分挖掘廣告畫面的表現力和衝擊力，透過閱聽人感興趣的話題或能調動其視覺和聽覺注意力的表現形式，來引導閱聽人關注進而產生點擊行為，並在二級頁面中透過多種互動環節的設置來讓閱聽人融入其中。

【案例】

搜狐網站上出現過一則某品牌手機廣告，其導航界面是設置在搜狐網站首頁上的一個巨幅 Flash，這個廣告本身不會打擾訪客，但若使用者晃動滑鼠，會發現這個界面有遊戲的功能：點擊畫面上形態各異的蝴蝶，音樂便會響起，蝴蝶也會朝著不同的方向飛舞。點擊這個廣告後，螢幕上會出現一個網路電視窗口和該手機的主頁，網路電視對話框提示是否播放，點擊「是」，便能欣賞其電視廣告片了。播放完畢後，螢幕上出現「意見回饋」、「轉發朋友」等按鈕，提示訪客可以向其網站提交評價或轉發到朋友的電子郵箱裡。在其主頁裡還可以自由點擊它所設置的不同欄目，甚至可以提交自己所設計的廣告語等。

2. 手機媒體的交互創意

手機媒體雖然螢幕較小，但因其行動性、便攜性以及高度的使用者黏著度等特性，其在交互廣告創意方面具有得天獨厚的優勢。目前，手機廣告的交互形式主要有電話直撥、LBS 導航、優惠券下載、重力感應、3D 體驗、應用下載、SNS 分享、擴增實境、手機遊戲等，使用者可以透過搖一搖、吹一吹、刮一刮等形式獲得新穎的體驗。尤其是近兩年來，HTML5 技術在手機廣告方面的使用，使手機廣告的交互和體驗更加多樣化。

【案例】

2014 年 4 月，Burberry 亞太地區規模最大的旗艦店在上海開幕。為了配合開幕慶典，Burberry 公司以「從倫敦到上海」的旅程為主題、藉助與騰訊影片、微信、微視、騰訊時尚頻道等線上平台的合作，開展了多樣化的宣傳活動（如圖 4-3）。

圖 4-3　Burberry「從倫敦到上海」互動廣告

為了讓那些未能到場的使用者感受到「平行的體驗」，Burberry 利用 HTML5 技術進行了 3D 互動性的創意設計。在 Burberry 的官方微信上，使用者可透過「搖一搖」進入動態場景畫面；然後透過點擊螢幕可以看到油畫般的倫敦的清晨；在這個界面上，使用者用手摩擦螢幕可以使晨霧散去，一步步揭開倫敦神祕的面紗；點擊不同的風景可進行探索，若點擊「河面」，還能泛起漣漪；透過搖一搖可以繼續旅程，最終抵達終點站上海。Burberry

在這一次活動中的廣告創意，充分利用了手機媒體的特點，多種互動形式相配合，給使用者帶來了身臨其境的體驗。

3. 媒體間的融合交互

媒體融合是進兩年來的熱門話題，廣告創意中的媒體融合也變得越來越普遍。尤其是智慧型手機的普及，手機中的二維碼技術、藍牙技術、重力感應等技術的應用，大大推進了不同媒體間廣告創意融合的步伐。

【案例1】

淘寶曾經與全國52家報社合作推廣「碼上淘」業務，在報紙中出現整版的「碼上淘」廣告，讀者用「手機淘寶」掃描平面廣告上基於二維碼技術的商品「淘寶碼」，即可直接連結到手機淘寶，透過手機完成下單購物和付款等環節。近年來二維碼廣泛應用於各類平面和戶外廣告中，閱聽人透過手機掃描二維碼，可實現傳統媒體與新媒體的融合傳播（如圖4-4）。

【案例2】

香港Nike曾經針對年輕人對普通產品的廣告提不起興趣的現狀，在香港大街小巷張貼寫著「90」的海報，每張海報上都有一個密碼，觀眾只需要用手機下載一個軟體，把手機對著海報，便能透過手機拍攝功能把海報上的密碼解除，這樣一雙極具誘惑力的Nike鞋就會呈現在手機上，並不斷地變換各種新型時尚的款式，而閱聽人透過手機瀏覽後都會心動不已。

圖 4-4 「馬上淘」平面廣告

【案例 3】

香港可口可樂公司曾發布了一則電視與手機媒體相結合的雙屏互動廣告，使很多使用者為之瘋狂。這則廣告的主要形式是使用者透過手機下載可口可樂「Chok 獎」APP 後，當電視中出現可口可樂這支廣告時，使用者打開 APP，電視廣告中的特定音效會觸發 APP 並讓手機震動，這時候消費者用力搖晃手機捕捉螢幕裡的瓶蓋，每次最多可捕捉到 3 個可口可樂瓶蓋，每個瓶蓋下面都有不同的獎品，當廣告結束時，便可在 APP 中查看搖到的獎品。

可以說，隨著媒體間融合進程的加速，結合不同媒體的特點進行融合性的廣告互動傳播，將是未來廣告創意的重要發展方向。

（二）精準化創意——以大數據手段為依託

對於傳統廣告而言，廣告創意策略會以一定的市場調查和產品分析為基礎，但創意概念的產生大多源於感性認識和靈感突現，因此廣告的藝術性常被提到較大的高度。而在新媒體環境中，功能強大的客戶管理系統以及使用者的購買回饋、網頁瀏覽cookie等留下了大量精準化的使用者數據，經過科學計算方法的提煉和分析，可以為新媒體廣告創意提供更多的科學依據，使精準化創意成為可能。

精準化的廣告創意體現在兩個方面。一是創意訴求精準化。基於新媒體平台往往可以較輕易地獲得諸如產品銷售情況、消費者評價、競爭對手情況等數據，廣告創意人員可以充分利用數據分析的結果，為下一步廣告策略的制定、廣告訴求的提煉提供可靠的科學依據。二是廣告創意與閱聽人的匹配精準化。由於新媒體技術可以根據瀏覽行為對使用者進行多次元的分類，而新媒體廣告發布技術的靈活性又使得對不同使用者發布不同形態的廣告成為可能，因此廣告創意中應對相應的人群分類數據給予高度重視，根據使用者類別分別創作符合其喜好和特徵的精準廣告。

【案例】

微博上曾一度盛行「人生五大幻覺」的投票調查，其中「今晚能早睡」名列投票之首，這反映出在微博使用者中睡眠不足的人占據很大比例，而微博的主要使用者又以都市白領居多。冠益乳就針對這些睡眠不足的都市白領，在3月21日「世界睡眠日」當天，以輕鬆詼諧的語言推出了一支「早睡影片」，影片表現了都市白領日夜拚搏的形象，使許多網友都產生了共鳴，許多網友都轉發或評論了這條微博，央視財經新聞頻道《第一時間》節目還開設了「今天你睡得好嗎」的互動討論話題。

（三）能有效溝通的創意——洞察閱聽人心理

美國領先的多渠道行銷服務公司艾司隆主席安迪·弗羅利於2014年10月出版了一本名為《點燃顧客關係》的專著，該書基於艾司隆公司過去30多年來的品牌服務和研究，其中提出一個重要理念：過去使用者衡量品牌和行

銷成功與否的指標 ROI（投資回報率）在現階段已經過時，取而代之的將是 ROE2（return on experience x engagement），即「體驗和參與（互動）回報率」。這一論斷將品牌與顧客（或使用者）的關係提升到了前所未有的高度。廣告作為發展顧客關係的橋梁，如何以使用者洞察為基礎，用閱聽人聽得懂的語言、喜聞樂見的形式、樂於分享的內容來發展創意，是取得良好的廣告效果，進而建立顧客關係的關鍵。具體來說，以下幾方面可幫助創意人員發展能與閱聽人有效溝通的創意。

1. 以閱聽人研究為基礎

新媒體廣告閱聽人既有明顯的個性化差異，又有相對一致的群體性特徵，對目標閱聽人的個性特點、消費行為和心理需求進行深入研究，有助於發掘與之相匹配的創意（詳見第六章閱聽人策略部分）。

2. 借勢社會熱點

在新媒體的資訊傳播環境中，雖然媒體碎片化和資訊爆炸使人們的注意力更為分散，但同時卻存在另一個現象，即每一個階段、甚至每一天都可能有幾個熱點事件，透過朋友圈、社群論壇、媒體推送等方式發酵和傳播，產生遠超過傳統媒體時期的關注度和影響力，可能幾億新媒體使用者都在關注同一事件。因此，新媒體廣告創意可以藉助人們廣泛關注的熱點事件進行即時傳播，達到與關注者產生共鳴的效果。

3. 尋找創意的話題性

由於新媒體進行轉發和分享的便利性，因此廣告中可以去發掘，可能激發使用者分享熱情的話題性創意，透過使用者的二次傳播發揮更大的影響力。

4. 創意娛樂化

新媒體具有泛娛樂性特點，新媒體環境下的使用者對具有個性化、趣味性、娛樂性的資訊具有較強的敏感性，在廣告創意中應儘量避免枯燥乏味的

技術性語言，而採用簡易平實，符合目標閱聽人語法體系習慣的用語來傳達資訊，並注重創意的趣味性、故事性。

第三節 新媒體廣告預算

新媒體廣告預算是指廣告主對於某一計劃期內，在新媒體領域開展廣告活動的整體費用規劃，包括廣告費用額度、使用範圍、使用方法等項目，是企業總體行銷策略的重要組成部分，廣告預算的最終目標是利用最少的費用取得最大的廣告效果。

一、新媒體廣告預算的意義

新媒體在人們生活中扮演著越來越重要的角色，對於廣告主來說，媒體環境更加複雜、廣告形式前所未有的豐富、廣告活動策略有更多的選擇性，在這種背景下，前期進行較嚴謹的廣告預算更顯得意義重大，主要表現在如下幾個方面。

（一）有助於廣告主行銷費用的控制

廣告主的行銷費用是有限的，廣告費用作為行銷費用的一部分，若沒有提前規劃和安排，在實際的廣告活動中，如果支出太少，可能無法達到預期的廣告目標；而支出過多，則可能影響其他行銷活動的開展。

（二）有助於資源的優化配置

廣告預算的宗旨是合理安排廣告費用，有計劃、有目標地把有限的廣告費用分配到不同的廣告活動或某廣告活動不同環節。例如對於媒體投放而言，綜合權衡廣告目標、產品特徵、媒體特徵、媒體與產品的吻合度等因素後，有目標地為不同媒體分配廣告費用，有助於廣告活動的順利進行。

（三）有助於提高廣告的投放效率

廣告有助於企業行銷目標的實現，但是廣告投入與廣告效果並不是完全成正比，也就是說，並不是廣告費用越多，企業經營狀況就越好。如果沒有

目的沒有規劃地進行廣告投放,最終可能導致利潤下降乃至企業虧損。若企業能提前進行整體規劃,「把錢花在刀刃上」,無疑有助於提高廣告的投放效率。

(四)為後期的廣告效果評估提供便利

企業評估廣告活動的效果,一個重要指標即投入產出比,即將銷售的提升幅度與廣告投入進行比較,從而分析出廣告活動的效果。在新媒體環境下,媒體類型繁多,廣告方式多樣化,如果沒有前期預算方案做支撐,則難以在宏觀層面上進行廣告效果評估。

二、新媒體廣告預算的特點

新媒體廣告預算與傳統廣告預算既有相通之處,又有其明顯的區別,企業在進行新媒體廣告預算時應兼顧如下幾方面特點。

(一)整體性

對於傳統媒體來說,一般廣告刊播費往往占據了廣告預算的大部分占比,而新媒體環境下,廣告與行銷、公關之間的邊界越來越模糊,一般廣告的比重降低,一個完整的行銷活動往往既涉及廣告費用,又涉及公關費用。因此,新媒體廣告預算相對於傳統媒體而言應更兼顧整體性,把廣告費用納入行銷推廣的整體預算中加以考慮。

(二)前瞻性

新媒體發展日新月異,消費者的興趣點和注意力也在隨時發生變化。因此對於企業來說,應關注並研究新媒體的發展趨勢,瞭解新使用者心理的變化,在此基礎上制定具有前瞻性的預算方案。例如 Apple Watch 的發售引起了人們對可穿戴設備的廣泛關注,對於時尚用品和運動用品類企業,在廣告預算時若能提前預估這一新載體帶來的影響力,並將其納入廣告總體規劃中,借勢進行傳播,勢必能造成較好的效果。

（三）靈活性

在過去，企業往往提前很長時間制定廣告預算，尤其是外商公司或品牌客戶，常常在年初就已經明確了全年的廣告計劃，一般情況下不做輕易變動。但是在新媒體環境下，廣告效果常常需要藉助一個事件或一個話題來引爆，而這些引爆點是不可預估的，若廣告預算過於死板，則可能會錯失一些市場機會。因此，在制定新媒體廣告預算時應兼顧統籌安排和靈活機動性。

三、新媒體廣告的預算方法

一般而言，企業確定廣告預算的方法多種多樣，常用的主要有以下幾種。

（一）目標／任務法

目標／任務法是指根據企業的行銷目標或銷售任務等為標準，有針對性地確定廣告目標和廣告策略，在此基礎上計算出要達到這些目標所需要的總費用及具體分配方案。目標／任務法分為三步：界定目標、明確策略、估算成本。例如某企業的年度目標是銷售額增長 15%，下一步則應確定哪種廣告手段最有效，廣告應如何投放等，最終估算出的成本就是廣告預算的重要依據。

（二）銷售百分比法

銷售百分比法是指根據企業前一年的銷售額及當年的預計銷售額，在此基礎上抽取一定的比例來作為廣告總費用的方法。例如某企業根據去年的銷售情況以及對本年度市場的判斷，預計今年的銷售額將達到 5000 萬，於是計劃用 10% 作為廣告推廣費，那麼本年度的廣告預算總額即是 500 萬。銷售額百分比法簡單易行，是目前企業較為常用的廣告預算方法。但是不同行業的廣告費占銷售額的比例有較大差異，據有關統計，一般化妝品行業的廣告費比例常常可達到 20%-40%，而食品類 5%-15% 較常見。

（三）利潤百分比法

利潤百分比法與銷售百分比法非常類似，即在企業利潤的基礎上抽取一定比例來作為廣告費用的方法。

（四）競爭對手參照法

競爭對手參照法是指根據競爭對手的廣告情況來確定本企業的廣告預算方案。即當競爭對手廣告費用增多時，本企業相應增加廣告預算，反之則減少廣告預算。競爭對手參照法有兩種具體的參照指標，一是根據競爭對手市場占有率及其廣告費用情況確定本企業的廣告預算，例如某企業主要競爭對手市場占有率為 20%，其廣告費用為 200 萬，而本企業預期市場占有率為 30%，則本企業廣告預算至少應達到 300 萬才能與之抗衡；二是參照競爭對手上一年度基礎廣告費用的增長比例，如競爭對手本年度廣告費用增長率為 5%，則本企業至少也應增長 5%。

（五）量入為出法

量入為出法指的是根據企業的實際財務狀況，在扣除了其他行銷費用後，將多餘的費用按一定的比例投入到廣告宣傳上來。量入為出法主要是站在企業自身的角度來考慮問題，忽視了市場競爭狀況及廣告自身的規律，容易偏離廣告目標。一般小企業採用這種方法較多。

（六）經驗法

經驗法指的是企業經營者主要憑自己的市場經驗，在綜合考慮市場競爭狀況、企業財務能力、上一年度的廣告預算及廣告效果等方面因素後，從而確定廣告預算方案的方法。經驗法缺乏科學調研和數據的支撐，要求管理人員具有豐富的經驗，同時對市場具有準確的判斷力和前瞻性。

四、新媒體廣告的計費方式

對於傳統媒體而言，廣告計費方式較為單一，如報刊媒體一般按版面大小和位置計費，廣播電視媒體按播出時長和播出時段計費居多。而對於新媒

體，由於廣告效果回饋渠道更為暢通，回饋數據更容易獲得，相應地，計費方式變得更加多樣化。目前，新媒體領域的廣告計費方式主要有按展示計費、按時間計費、按行動計費、按效果計費四種形式，其中每一種根據廣告形式、廣告目的不同，以及廣告主與媒體之間的協議情況，又有不同的計費模式和標準。

（一）按展示計費

CPM（Cost Per Thousand Impression）是新媒體中按展示計費的主要模式，CPM指的是每千人印象成本，即每1000人訪問廣告，廣告主需要支付的費用。例如優酷土豆影片網站，其面向全國的15秒「多螢幕投放插入廣告」的CPM為40元，這就意味著若有10萬人觀看了該影片，則廣告主需要支付4000元的廣告費用。目前，CPM是新媒體中較為常見的廣告收費模式，但CPM常常與其他計費方式配合使用，如前面提到的插入廣告，CPM的多少同時與廣告時長密切相關，5秒、15秒、30秒廣告的CPM費用是不一樣的。

（二）按時間計費

按時間計費，也稱CPT（Cost Per Time）模式，即每廣告位的時間成本，指的是按照廣告的展示時間長短來計算廣告費用。按時間計費有多種形式。

1. 按照小時計費

這種計費方式在門戶類網站的黃金版位較為常見，如搜狐網各頻道首頁的全螢幕廣告均是採用的按小時計費的模式，搜狐首頁的全螢幕廣告，每日只出現4小時，每小時報價為70萬元。

2. 按天計費

按天計費在新媒體中常常直接被稱為CPD（Cost Per Day）模式，即按照廣告展示的天數收費，入口網站、影片網站頁面上的豐富多媒體廣告、通欄廣告、按鈕廣告、摩天輪廣告、對聯廣告等，一般都是採取每天幾輪換的方式，廣告主按天付費。

3. 按周或月計費

這種計費方式實質上是一種廣告版面承包方式，廣告主購買某版面一段時間的使用權，比如阿里媽媽的按周計費廣告即屬於這種方式。這種計費方式能保證媒體平台的收益，但是對於廣告主而言容易造成廣告浪費。

（三）按行動計費

如果說前面「按展示計費」和「按時間計費」多少打上了傳統媒體計費方式的烙印，那麼「按行動計費」則是新媒體廣告的發展和創新。

按行動計費也稱 CPA（Cost Per Action）模式，CPA 即每行動成本，也就是說根據使用者看到廣告後是否採取行動來計費，這裡所說的「行動」因廣告內容的不同可能有多種類別，比如點擊量、註冊量、下載量、生成的訂單數、回收的有效調查問卷的份數等。CPA 模式下又衍生出了多種具體的計費方法，包括 CPC、CPR、CPE 等。

1.CPC（Cost Per Click）

CPC 即每點擊成本，也就是說根據使用者點擊廣告的次數來收費。這種模式目前已成為了網路廣告較為主流的計費模式，如百度、Google 等搜尋引擎的關鍵字廣告一般都採用的 CPC 模式。嚴格意義上說，CPC 實際上是 CPA 模式的一個細化和延伸。

2.CPR（Cost Per Response）

CPR 即每回應成本，也就是按照使用者看到廣告後的每一個回應來計費。

3.CPE（Cost Per Engagement）

CPE 是一個比較新的評估指標，指的是每參與成本。目前 CPE 主要應用於對原生廣告效果的衡量，原生廣告服務提供商 Youtube 和 Twitter 都已經開始利用這一指標進行原生廣告定價。

（四）按效果計費

按效果計費比按行為付費更進一步，指的是按照廣告產生的實際銷售效果或廣告主期望的其他效果付費，具體包括以下幾種計費方式。

1.CPS 模式

CPS（Cost Per Sale）即每銷售成本，指的是按照廣告帶來的實際銷售量或銷售金額來換算廣告費用，廣告每帶來一筆銷售，媒體平台（網站主、APP 開發者等）即可相應地獲得一筆收益。

2.CPP 模式

CPP（Cost Per Purchase）即每購買成本，指的按照銷售筆數來計費。一般來說，一些以零售為目的的小型廣告主喜歡採用 CPP 模式來付費。

3.CPL 模式

CPL（Cost Per Leads）指的是按註冊成功支付廣告費用。一般採用這種方式的廣告主，其廣告目標一般在於蒐集潛在客戶資訊。

總的來說，新媒體廣告的計費方式多種多樣，除了以上列出的以外，還有諸多其他計費方式。但是目前最主流的計費模式是 CPM、CPT、CPA、CPC 這四種。

第四節 新媒體廣告效果評估

新媒體廣告效果評估指的是利用一定的方法、指標和技術，對新媒體廣告效果進行綜合評價的活動。有效的廣告效果評估，可以幫助廣告主檢驗廣告策劃是否合理、廣告創意是否有效、是否實現了預期的廣告目標，並為下一階段的廣告活動積累經驗。

第四節 新媒體廣告效果評估

一、新媒體廣告效果評估的特點

由於新媒體的數位化、互動性等特點，對新媒體廣告效果的評估與傳統媒體相比具有不同的特點，主要表現為以下幾個方面。

（一）評估方式的便捷性

新媒體廣告與傳統廣告相比最大的特點在於互動與回饋，而這些互動與回饋數據正好為廣告效果評估提供了重要依據。過去需要透過調查問卷、訪問、訪談等才能獲得的數據，現在根據閱聽人的在線回饋就能迅速獲得。

（二）評估指標的多樣性

新媒體平台的多樣化，以及閱聽人與新媒體接觸方式的多樣化，決定了對新媒體評估的指標也具有多樣性的特點。例如，傳統媒體傳播效果的評估指標常用的一般是發行量、收視率、收聽率、到達率等指標，而新媒體的評估指標則有更多維更細緻的標準，如展示率、點擊數、轉發率等。

（三）評估結果的準確性

對於傳統媒體廣告效果的評估往往是粗放型的宏觀評估，正如廣告界有一句名言「我知道我的廣告費有一半浪費掉了，但是不知道浪費在哪裡了」。而透過對新媒體廣告的評估，利用回饋資訊和數據分析，則可以較為準確地得知哪些廣告有效果，哪些廣告是無效傳播。

（四）評估費用的低廉性

傳統媒體廣告效果評估往往需要專門組織調查員進行專項調查，成本較高。在新媒體環境下，有時只需要安裝一個軟體或者在廣告頁面中加上特殊代碼，即可蒐集到大量可靠的數據；即便需要進行使用者訪問，只需要在網頁上上傳一個調查問卷即可，因此評估費用相對低廉。

二、新媒體廣告效果評估的內容

要瞭解新媒體廣告效果評估的內容，首先應對廣告效果進行界定。從廣義上說，廣告效果包括經濟效果和社會效果兩方面內容。經濟效果指廣告活動對於廣告目標的實現方面造成的實際推動作用，包括廣告認知效果、閱聽人心理效果、銷售效果等方面；社會效果則指的廣告在傳播過程中，無形中對社會道德、文化、倫理等外在環境產生的影響。狹義上的廣告效果則僅指經濟效果。

對於廣告主來說，新媒體廣告效果評估一般指的是對於狹義上廣告效果的監測與評價，可分為傳播效果評估和銷售效果評估兩方面內容。傳播效果評估主要指：新媒體廣告活動在閱聽人認知和閱聽人心理上產生的影響的評價，包括對廣告資訊、廣告媒體、廣告活動效果等多方面的考量；而銷售效果評估主要是指，廣告活動的開展對廣告主的銷售業績方面帶來的影響。

從嚴格意義上說，新媒體廣告效果評估是一個系統工程，可以分為事前評估、事中評估、事後評估三個階段。事前評估一般在廣告活動開始之前進行，主要分析測試廣告表現與廣告目標的吻合度、廣告媒體與目標閱聽人的吻合度等內容；事中評估是在廣告活動開始之後到結束之前進行的，主要包括對廣告傳播方式、閱聽人認知情況、廣告的影響力等方面進行監測和評價；事後評估在廣告活動之後進行，主要指對廣告最終達到的效果進行測定和評價。

三、新媒體廣告效果評估指標

對於新媒體廣告效果評估指標的確定，一直以來是廣告主、廣告公司、技術服務公司以及第三方廣告監測機構不斷摸索的關鍵問題。在新媒體廣告環境下，各種維度的數據資訊唾手可得，數據資源極度豐富，這一方面給廣告效果評估帶來了便利性，另一方面也直接導致了評估標準的多樣化。一直以來，新媒體廣告評估沒有完全統一的標準，2011 年 6 月，美國互動廣告局（IAB, Interactive Advertising Bureau）在其官網上發布了數位廣告評估的五大指導原則，並號召全球廣告行業構建一個透明、標準化和持續的評價

指標和測量體系。在行業和企業的共同努力下，一定程度上推進了廣告評估標準的規範化。以下介紹目前常用的、與廣告活動效果相關的評估指標。

（一）展示類指標

展示類指標主要用以衡量廣告傳播範圍的廣度，類似於傳統媒體中的發行量、收視率等指標。新媒體廣告中，由於媒體形態的不同，廣告效果評估指標也存在一定差異，以下介紹幾種基本的展示類指標。

1. 頁面訪問量（PV, Page View）

頁面訪問量，也稱頁面瀏覽量，指的是某頁面被使用者看到的次數。使用者每打開一個網站頁面就被記錄 1 次，使用者多次打開同一頁面，訪問量累計。由於頁面訪問量沒有次數的限制，所以常常在這個指標上產生一些虛假訪問數據。

2. 獨立訪客數量（UV, Unique Visitors）

獨立訪客數量，也稱為獨立使用者數量或獨立 IP 數量，該指標主要用以統計進入網站的獨立使用者數。與頁面訪問量不同的是，獨立訪客數量以獨立 IP 地址或 Cookie 為識別標準，也就是說，一個訪客在一定的統計週期內（1 天／1 週等）訪問網站，無論訪問多少次，只記錄一次。對獨立訪客數量的監測，可以幫助廣告主評估媒體的影響力和價值。

3. 廣告曝光數（Impression）／可見曝光數（Viewable Impression）

廣告曝光數也稱印象數、展示數，指的是廣告投放頁面的瀏覽量，主要反映廣告投放媒體的訪問熱度。目前網路影片廣告的評估主要採用廣告曝光數這一指標，該指標也是 CPM 計費模式的主要依據。

值得指出的是，近年來對於「廣告曝光數」這一指標的質疑之聲越來越強烈，因為各種攔截工具或特殊瀏覽器的使用，導致很多網站頁面上的廣告並沒有如約出現在使用者的視野中，Google 曾公布了一項有關網路廣告可見度的報告，報告指出在少數網站上有高達 56.1% 的廣告曝光未被使用者看

到。基於此，2013 年 8 月，第三方數據監測機構精碩科技在「曝光數」的基礎上提出了「可見曝光數」這一新的評估指標，該指標規定「至少要有一半的廣告內容在使用者螢幕上出現超過 1 秒鐘才算是可見的廣告曝光」。

（二）效果類指標

效果類指標主要用以衡量廣告發布後所產生的實際效果，包括使用者看到廣告資訊後所產生的各種行為和反應。新媒體廣告中的效果類指標主要有：

1. 廣告點擊數（CT, Click-Through）

廣告點擊數指的是一則新媒體廣告被使用者點擊的次數，該指標反映了使用者對廣告的主動瀏覽行為，若排除使用者誤點擊及虛假點擊等情況，點擊數相對於曝光數來說更能反映廣告對使用者實際產生的影響，廣告點擊數是 CPC 付費模式的基礎。

2. 廣告點擊率（CTR, Click-Through Rate/Ratio）

點擊率指在一定的統計期間內，「廣告點擊數」占「廣告曝光數」的比率。該指標主要可以反映廣告對網友的吸引程度。

3. 廣告到達率（Reach Rate）

廣告到達率指使用者透過點擊廣告實際進入廣告主推廣頁面的比例，即廣告到達量與廣告點擊數之間的比值。該指標一定程度上可以反映出廣告的虛假點擊情況。

4. 廣告跳出率（Bounce Rate）

廣告跳出率是指當使用者點擊廣告進入廣告主推廣頁面後，沒有產生繼續點擊行為，而選擇直接離開的比率。例如 100 人進入了頁面，80 人直接離開，則跳出率為 80%。

5. 廣告二跳率（2nd-Click Rate）

廣告二跳率指使用者透過第一次點擊廣告進入推廣頁面後，繼續進行第二次點擊行為的比率。例如 100 人進入了推廣頁面，其中 30 人在頁面上繼續點擊瀏覽，則二跳率為 30%。跳出率和二跳率可以直接反映出推廣頁面對使用者的吸引力程度。

6. 廣告轉化率（CR, Conversion Rate）

廣告轉化率是廣告轉化次數與點擊次數的比率，即使用者在廣告資訊的影響下，透過點擊廣告進入推廣頁面，並產生了註冊或購買行為，從普通的廣告瀏覽者轉化為註冊使用者或購買使用者的比率。例如有 100 人點擊進入了廣告主推廣頁面，其中 50 人成功註冊或直接下單購買，那麼廣告轉化率為 50%。廣告轉化次數是 CPA、CPS 付費模式的基礎。

除了以上主要的評估指標外，針對不同的媒體平台和不同的廣告傳播方式還有諸多特定的評價指標，如對社交媒體而言，廣告的關注數、評論數、轉發數、轉發率、收藏數等都是廣告主所關心的廣告效果評估數據；而對於行動廣告而言，交互率、使用者停留時長等也是有效的評估指標。此外，還有針對使用者訪問行為的初訪率、回訪率、平均訪問次數、訪問頻次等。

【知識回顧】

本章主要介紹新媒體廣告運作過程中的幾個關鍵環節，包括廣告策劃、廣告創意、廣告預算及廣告效果評估。新媒體廣告策劃是整體廣告運作的核心環節，既要遵循一般的廣告策劃規律，同時又要結合新媒體的特性來展開。新媒體廣告策劃應遵循整體性、互動性、目的性、創新性、靈活性及可操作性等基本原則；新媒體廣告創意具有不同於傳統媒體廣告創意的特點，具體表現為創意內容的豐富性、創意維度的多樣化、創意手段的技術依賴性、創意平台的融合性等方面；此外，新媒體廣告在創意流程、創意模式、創意評價標準都產生了巨大的變化；從新媒體廣告的創意方法上看，既遵循廣告創意的一般規律，有與傳統廣告創意方法之一脈相承之處，同時又有諸多適應新媒體環境的新的創意方法，廣告人員應在結合媒體特點的基礎上發展交互

性創意，以大數據為手段進行精準化創意，以洞察閱聽人心理為基本點，發展能與閱聽人有效溝通的創意。

新媒體廣告預算相對於傳統媒體廣告預算而言，具有整體性、前瞻性、靈活性等特點，廣告預算方法與傳統媒體具有相對一致性，新媒體廣告計費方式相對於傳統媒體而言更加靈活多樣，主要有按展示計費、按時間計費、按行動計費、按效果計費四種形式；新媒體廣告效果評估具有評估方式的便捷性、評估指標的多樣性、評估結果的準確性、評估費用的低廉性等特點，其評估指標相對於傳統媒體而言更加豐富而具有實效性，能夠幫助廣告主較為準確地瞭解廣告的實際效果。

【思考題】

1. 新媒體廣告策劃對於傳統廣告策劃有哪些沿襲和發展？

2. 有人說新媒體的程式化投放，使得廣告創意不再重要，對這句話你怎麼看？

3. 目前新媒體中常見的廣告計費方式，分別有哪些優點和侷限性？

4. 新媒體廣告效果評估目前存在哪些問題？

第五章 新媒體廣告的市場主體

【知識目標】

　　☆新媒體廣告市場主體的構成要素

　　☆新媒體廣告主的特點及觀念、行為的變化

　　☆廣告代理公司的發展歷程及傳統代理公司的困境

　　☆新媒體廣告代理公司的類型

　　☆新型媒體組織的內涵變化及其特點

【能力目標】

　　1. 能結合廣告主的觀念轉變思考新媒體廣告策略

　　2. 能結合傳統廣告代理公司的發展歷程思考新媒體廣告代理公司的發展路徑

　　3. 能結合自己的理解總結新媒體廣告代理公司的發展趨勢

　　4. 能說出新型媒體組織的典型形態及其特點

【案例導入】

　　品友互動是一家專注於數位廣告業務的公司，在該公司的官方網站上，可以看到很多標籤化的描述：「中國最大的程式化購買 DSP 平台」、「最有價值的網際網路廣告技術公司」、「驅動廣告變革的網際網路科技公司」等。而在「品友榮譽」欄目中，可以看到不同機構為其授予的獎勵，如中國廣告協會授予其「中國廣告長城獎金夥伴獎」；易觀國際授予其「最佳行動行銷服務商獎」；中國廣告主協會將其評為「最受廣告主歡迎的供應商」等。

　　從品友互動的發展歷程來看，該公司創立於 2008 年，2009-2010 年間專注於技術產品的研發，率先在廣告技術領域採用大數據研究方法，成為大數據在廣告技術領域應用的實踐者；2011 年，發布中國第一個自主研發，基於

大量數據的廣告智慧優化平台的 OPTI-MUS 優馳 TM 系統；2012 年，推出中國第一家真正的最大 DSP，並先後成功對接淘寶、Google、騰訊、新浪、百度等中國所有主流廣告交易平台；2013 年，品友互動影片 DSP 成功對接包括騰訊在內的 PPTV、迅雷、樂視等 14 家主要影片網站，為影片網站突破盈利瓶頸提供重要解決方案；同時，品友互動還聯合多家行業夥伴共同推動中國 RTB 行業人群標準建立，成為中國 RTB 市場行業的領導者；2014 年 7 月，率先推出中國首個具備 PDB（私有程式化購買）功能的 DSP，並開始中國首例 PDB 廣告投放。

從品友互動的業務目標來看，其主要致力於將技術創新、數據分析、行銷洞察進行完美結合，旨在幫助廣告主以最低的成本實現大量目標人群的精準投放，迅速提升品牌知名度和美譽度，加強品牌（產品）與目標人群的深度互動，一言以概之，即「為客戶創造最大的價值」。

目前，在新媒體廣告領域出現了諸多與品友互動同類型的公司，那麼，它們究竟是廣告代理公司，還是技術公司、行銷公司？如何看待其定位呢？

所謂市場主體，是指在市場上從事經濟活動，享有權利和承擔義務的個人和組織體。廣告市場中的廣告主體包括廣告主、廣告經營者、廣告發布者。廣告主指的是發布廣告的企業、團體或個人，是廣告需要的產生者，而廣告經營者和廣告發布者是滿足這種需要的服務提供者。在傳統媒體時代，一般廣告主是企業主或社會機構，廣告經營者指的是廣告代理公司，廣告發布者則指廣告媒體。在新媒體環境下，廣告市場主體各要素的內涵和外延都發生了深刻變化，但是，為了便於理解，本書仍沿襲傳統劃分方式，分別從廣告主、廣告代理公司、廣告媒體組織這三個角度出發來探討新媒體環境下的廣告市場主體，以明確廣告活動中各主體要素的構成和特點，尤其是在新媒體環境下發生的諸多變化。

第一節 新媒體廣告的廣告主

在廣告的市場體系中，廣告主作為廣告活動的出資方，無疑處於市場的中心位置，是廣告市場的原動力。廣告主廣告費用的多少，決定著廣告業的

整體規模；廣告主廣告觀念的轉變、廣告行為的變化，牽動著廣告代理公司和媒體經營者的神經。因此，瞭解新媒體環境下的廣告主，對於把握新媒體廣告市場的走向具有重要意義。

一、新媒體廣告主的界定

新媒體廣告主，顧名思義，是指以新媒體為媒體開展廣告傳播活動的企業、團體或個人。從廣義上說，新媒體廣告主既包括所有曾經或正在以新媒體為手段進行廣告傳播活動的企業、團體或個人，也包括有新媒體廣告傳播意願但還沒有開展廣告活動的主體。狹義上的新媒體廣告主指的就是前者。本書中如果沒有特別說明，指的都是狹義上的新媒體廣告主概念。

從新媒體廣告主的來源來看，主要包括三個部分：

一是傳統品牌廣告主。隨著人們的注意力從傳統媒體不斷向網路、行動等新媒體形式轉移，一部分傳統品牌廣告主開始捨棄或減少原有的傳統媒體廣告業務，而在新媒體領域投入更多的預算。比如曾經的傳統廣告大戶海爾甚至在 2014 年初宣稱，今後不再向雜誌投放直接宣傳產品的廣告，而是全面轉向可以與消費者進行互動和深度溝通的新媒體廣告。

二是新興的 IT 企業。它們隨著網際網路的興起而起步，是網路新媒體的最初嘗試者，也是其堅定擁護者，目前仍然占據很大的比重。

三是小型企業或個人。在傳統媒體時期，高昂的廣告費用將小型企業和個人無形中拒之門外，在新媒體環境下，他們成了一股新興的力量，占據了新媒體廣告市場中的長尾流量。

二、新媒體廣告主的特點

新媒體以其廣告投入的低成本、目標閱聽人的精確性、廣告效果的可測量性獲得了越來越多廣告主的青睞。從新媒體的現有廣告主情況來看，主要表現出如下特點：

（一）數量迅速增長，中小廣告主成主力隊伍

新媒體廣告主的數量經歷了從無到有，從少到多的巨大變化。數量的增長主要體現在兩個方面：

1. 品牌廣告主持續增多

艾瑞諮詢機構曾經對中國 100 多家大、中型網路媒體發布展示類廣告的品牌廣告主情況進行監測。監測數據顯示，2000 年，全國投放網路廣告的廣告主僅有 669 家，到 2001 年增長為 721 家。此後除了 2002 年網路市場進入低谷時廣告主數量一度減少外，從 2003 年開始一直呈逐年上漲態勢，到 2009 年，廣告主數量已達到 10163 家。

2. 中小型廣告主呈爆發式增長

網路媒體的價格優勢，讓過去由於資金不足無法在傳統大眾媒體投放廣告的中小型廣告主有了無限的推廣空間，尤其是隨著搜尋引擎廣告形式的推出，中小型廣告主更是形成了主要力量。2007 年，Google 曾宣布已有 100 萬廣告主使用其平台進行廣告推廣；2015 年 2 月，Facebook 宣布，利用其平台進行推廣的活躍廣告主數量已達到 200 萬，較 2014 年 7 月的 150 萬增長了約 33%。這些活躍廣告主是指過去 30 天內在其社交平台上投放廣告的廣告主，以中小企業為主。

（二）廣告主行業結構日漸多元化

從新媒體廣告主的構成變化來看，主要有如下幾個特點：

1. IT 行業廣告主逐漸退出主流

在網路廣告興起的頭幾年，IT 行業內廣告主占據絕對主體，是網路廣告的支柱行業，其他行業廣告主少有投放。而後，傳統媒體中的廣告大戶——汽車與房產類廣告主逐漸把觸角伸向網路領域。2003 年，中國在網路廣告領域投放費用排名前三位的分別是手機、汽車、房產；到 2006 年，汽車類網路廣告的投放額已經超過了 IT 行業，躍居第一；到 2014 年，根據易觀智庫

發布的調查數據，2014年網路廣告投放前四名的廣告主行業分別為汽車、日化、服飾、通訊，其中休閒娛樂行業有明顯增長。從這個數據可以看出，當前的網路廣告主中，過去投放量排名第一的IT行業廣告主已經被其他行業所取代。從全球範圍來看，根據美國互動廣告局（IAB）發布的數據顯示，從1996年到現在，全球IT產品類投放也持續下滑，消費類投放不斷增長。

2. 各行業廣告主百花齊放

隨著新媒體的發展，尤其是行動網際網路給人們生活帶來的巨大變化，各行業的廣告主已經無法忽視新媒體的影響力，紛紛嘗試或加大了在新媒體領域的廣告預算。根據艾瑞諮詢公司的數據，2006-2007年間，在廣告主榜單上的企業波及面已經非常廣泛，包括娛樂休閒、醫療服務、家具裝飾、教育出國、工農業、金融服務、零售、快消等20多個類別。而在行動應用廣告平台上，2013年廣告主幾乎涉及了各個行業和領域，其中費用占比排名前幾位的廣告主行業分別是遊戲、汽車、快消、日化、電商（如圖5-1所示）。

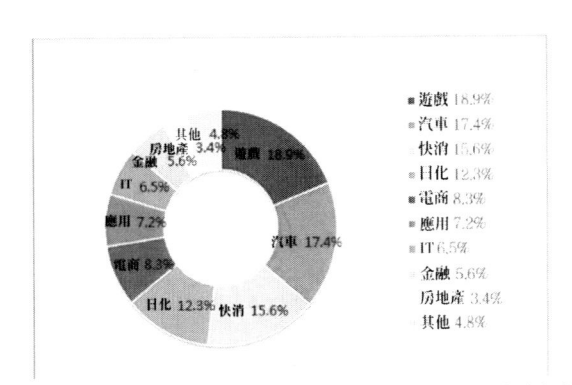

圖5-1　2013年中國移動應用廣告平台不同行業廣告主投放

3. 不同行業廣告主的媒體偏好存在差異

對於不同行業的廣告主來說，其選擇媒體的策略也表現出明顯差異。如汽車類廣告主，其媒體偏好的排序為入口網站、垂直網站、網路影片。這是由於汽車類產品為大宗消費品，消費者在購買前非常謹慎，需要整合大量資訊然後進行抉擇，因此，汽車類廣告主傾向於選擇具有公信力和承載資訊空

間大的入口網站和垂直網站進行廣告傳播，同時利用網路影片做品牌塑造和人群涵蓋。而日化和服飾類廣告主的媒體偏好排序為網路影片、入口網站、垂直網站。

（三）廣告投放方式多樣化

從廣告主的廣告投放方式來看，目前主要有三種投放方式：

第一種是透過廣告代理公司進行投放。一般而言，傳統的品牌廣告主在開展新媒體廣告業務時，傾向於委託專業廣告代理公司為其制定廣告策略和投放策略。

第二種是透過廣告聯盟投放。即由廣告主或廣告代理公司透過廣告聯盟，將廣告投向聯盟網站。

第三種是廣告主直接投放。廣告主直接投放一般有兩種情況：一是廣告主透過直接與媒體或媒體渠道代理商接洽，由廣告主提出需求，透過雙方溝通後達成廣告合作意向；另一種情況是廣告主直接透過媒體提供的廣告平台，按照平台要求填寫上相關資料，由廣告平台進行自動化投放，目前，中小型廣告主或個人廣告主大多採用這種投放方式。

三、廣告主的觀念變化

自網路廣告起步以來，大部分廣告主都經歷了對新媒體廣告的陌生到觀望、嘗試，最後到理性認識的過程，尤其是隨著手機媒體的興起和行動網際網路的爆發式發展，廣告主們更是經歷著廣告觀念上的深刻洗禮。廣告主觀念的變化對廣告經營活動的走向具有決定性意義。總的來說，廣告主的廣告觀念主要有如下幾方面體現：

（一）混媒投放觀念

在傳統媒體時期，媒體資源的稀缺性，尤其是主流優質媒體的稀缺，使得單一媒體涵蓋面較廣，閱聽人群相對集中，加上傳統媒體廣告費用普遍較高，品牌廣告主的廣告策略一般是集中優勢兵力，固定在某一個或幾個媒體中進行投放，以達到強化閱聽人認知的目的。在這種媒體環境下才可能出現

所謂的「標王」現象，透過重金買斷中央電視台某黃金時段，就能贏得一夜爆紅。

而隨著網際網路、手機等新媒體的興起，閱聽人注意力被無限碎片化，廣告主已經意識到僅靠某一個或幾個媒體已經很難達到過去的傳播效果。因此，廣告主更傾向於多元化的媒體策略，尤其對於品牌廣告主來說，更是積極打破對傳統媒體的依賴，致力於不同媒體間的整合，並積極開發新的媒體渠道，企圖利用有效的媒體組合來重聚消費者碎片化的注意。

（二）精準投放觀念

「涵蓋面」一度是評價媒體價值的重要指標，在傳統媒體時期，媒體和廣告代理公司也是用收視率、發行量等與涵蓋率相關的指標來說服廣告主。在這種環境下產生了廣告界的一句名言，著名廣告大師約翰·沃納梅克提出：「我知道我的廣告費有一半是浪費了，但遺憾的是，我不知道是哪一半被浪費了。」這句話道出了傳統媒體時期廣告投放者的無奈。

但是，在新媒體環境下，首先，媒體資源從有限變為無限，任何媒體都只可能涵蓋一個相對較小的群體；其次，由於手機等行動媒體的產生，使用者的媒體接觸行為更加個性化，媒體接觸的時間和空間軌跡更為複雜，諸如上班時間、睡覺前、家中、戶外、工作場所、交通工具上，廣告主若想把握這些離散狀態的注意力，必須做到精準投放；再次，新媒體技術、大數據的應用使精準地找到使用者變成可能，這意味著過去「浪費一半廣告費」的情況完全可以避免。在這種背景下，廣告主變得更加理性，追求廣告的精準性理所當然成為其所追求的目標。

（三）互動觀念

傳統媒體時期的廣告的概念常被認為是「廣而告之」，停留於單向的「廣播式」傳播，重視閱聽人是否接觸到廣告，忽視閱聽人的接受度和回饋。新媒體環境下，使用者在媒體面前不再是被動接受者，而是主動搜尋者和選擇者。廣告主已經意識到過去的「獨角戲」式傳播行為可能完全被閱聽人忽略，起不到任何效果。近年來，越來越多的廣告主開始利用社交媒體或自由媒體

與消費者進行互動，就連過去高高在上的奢侈品品牌也低下了高昂的頭，熱衷於與消費者建立情感聯繫。世界上著名的洋酒品牌「保樂力加」近期已經將「市場部」改為了「消費者互動部」，以加強與目標群體的溝通和互動，引導消費者參與價值創造。

（四）性價比最大化觀念

在新媒體環境下，廣告主觀念變化的另一個重要現象是追求性價比的最大化。傳統媒體由於媒體計費方式一般是按版面或時段計費，廣告投放大多是粗放型投放，廣告主對於廣告效果的回饋只可能有模糊的判斷。隨著新媒體的出現，廣告計費方式多樣化，按點擊付費、銷售效果付費等逐漸成為主流計費方式，無形中影響了廣告主的預算觀念。

四、廣告主的行為變化

正是基於以上廣告觀念的變化，以及新媒體環境給了廣告主更大的自主空間，使得其在廣告活動具體行為上發生了諸多變化：

（一）費用控制更嚴格，廣告計劃靈活性提高

對於品牌廣告主而言，尤其是外資廣告主，過去一般是年初即制定完了全年的媒體計劃，確定在哪些類型的媒體投放廣告，以及投放比例分配，除此之外，只有少部分機動預算留給特殊的節日或活動。而在日新月異的新媒體環境下，從廣告主廣告預算行為上看，一方面是對於費用的控制更加嚴格，過去在一個主流媒體上動輒上百萬投入已經較為少見，多數廣告主更傾向於找到一個性價比最高而又最為均衡的分配方案；另一方面，廣告預算的靈活性大大提高，只要有好的媒體平台，或者好的活動方案，可以隨時提取機動費用進行運作。

（二）自主性加強，對媒體依賴度降低

新媒體的出現讓廣告主與消費者溝通的渠道變得無限暢通，新媒體時代的「泛媒體化」趨勢更是使專業媒體喪失了優勢。廣告主既可以透過免費的社交平台找到目標閱聽人並與之溝通，還可以建立自媒體，將目標閱聽人籠

絡到自己周圍。過去產業鏈條中「強媒體、弱企業」的時代已經一去不復返，廣告主成為廣告鏈條中真正的主導者。

（三）對廣告公司專業化要求更高

專業廣告公司的日子越來越艱難，這已經成了廣告圈的共識，其中原因之一即是廣告主對廣告公司的專業化提出了更高要求。廣告公司對媒體依賴度降低的同時，對傳統型廣告公司的依賴度也同步在降低。原因有很多方面：一是技術的進步和工具的應用，使得過去需要依賴廣告公司完成的業務自己即可輕易完成，比如拍照、攝影、攝像、後期製作等已經不是那麼遙不可及；二是隨著程式化投放平台的出現，廣告主完全可以自主進行廣告投放；三是廣告主與消費者、媒體的溝通渠道都變得更加暢通，過去需要廣告公司協助完成的工作，很多可以自己解決。此外，加之廣告主比廣告公司更瞭解自己的企業。因此，近年來越來越多的品牌廣告主宣布解除與廣告公司的合作，自建廣告團隊，如2014年蘋果公司已經宣布自建廣告團隊，結束了與之合作多年的4A公司的關係。過去以綜合代理為特徵的4A廣告公司的經營狀況每況愈下，廣告主對廣告公司的「技術性」提出了更高的要求。

五、廣告主的困境

實際上，在新媒體浪潮的衝擊下，廣告主的境遇是極為複雜的，一方面自主性無限加大，對媒體、廣告公司的依賴度降低，似乎已經成為廣告市場的主宰者；另一方面，面對著瞬息萬變的媒體環境和使用者行為，廣告主也處於困惑和茫然期。

（一）對媒介選擇的茫然

在新舊媒體更替的轉型期，廣告主最大的困境是對媒體選擇的茫然。這主要基於以下多方面原因：

（1）新媒體時期的媒體資源浩如煙海，選擇難度加大。

（2）使用者行為變化莫測，注意力完全碎片化，使用者個性化程度極高，沒有一個成熟的模式能保證網羅和聚合住使用者注意力。

(3) 從廣告代理公司和技術提供商來看，目前傳統代理公司與新型技術公司並沒有很好地進行融合。

(4) 以「精準化」為目標的廣告投放平台數量眾多，各自為政，平台尚沒有打通，媒體資源有限。

(5) 從廣告標準上看，整個新媒體行業尚沒有統一的廣告標準，主流媒體各自制定自己的標準，並且不斷變化。

在這種環境下，廣告主應該何去何從，成為他們急於解決的問題。

(二) 對輿論控制的焦灼

新媒體與使用者的關係密切程度勝過以往的任何媒體，尤其是智慧型手機的普遍，使每個使用者都可能成為「現場記者」，能夠隨時發布消息；同時，隨著論壇、微博、微信等社交媒體的興起，網路傳播更為及時和多元，這對於廣告主，尤其是品牌廣告主而言是一個重大考驗。因為輿論控制已不可能像過去傳統媒體時期那樣易於把握，品牌一旦出了問題，輿論透過口碑傳播，可能一夜間使品牌大廈坍塌。因此，在新媒體環境下，對輿論的影響和控制也成為廣告主面臨的重要問題。

第二節 新媒體廣告代理公司

新媒體廣告代理公司，從廣義上說，包含了所有在新媒體領域為廣告主提供與廣告相關服務的公司，網路廣告代理公司、互動廣告代理公司、數位整合行銷公司等都屬於新媒體廣告代理公司範疇。

新媒體廣告代理公司並不是一個孤立的概念，其既有對傳統廣告代理公司部分功能的繼承和延續，又有自身的特點。同時，隨著新媒體廣告市場的迅速發展，一些傳統廣告公司也開始涉及新媒體廣告業務，新興的新媒體廣告代理公司與傳統廣告公司之間不斷地相互借鑑與融合，二者之間的界限越來越模糊。因此，只有站在歷史的視角，才能更深入地理解新媒體廣告代理公司的產生及變化。

一、廣告代理公司的發展歷程

新媒體廣告代理公司是媒介環境發展到特定階段的產物，其發展歷程與大眾化媒體出現時廣告代理公司的發展有異曲同工之處，因此，在認識新媒體代理公司的產生及特點之前，有必要先對傳統廣告代理公司的產生與發展進行簡單回顧。在報紙廣告誕生初期，並沒有專門的廣告代理商為廣告主服務。1729 年，班傑明·富蘭克林創辦了《賓夕法尼亞日報》，在創刊號的第一版上刊登了一則推銷肥皂的廣告，該廣告由富蘭克林親自製作，富蘭克林也被後人稱為「美國廣告業之父」。由此可見，早期的報紙廣告業務主要由報紙創辦者兼營。

隨著報紙廣告的發展，出於業務擴張的需要，出現了一批專門受僱於某一報紙的獨立推銷員（或稱代理人），他們周遊各地推銷報紙廣告，並以「佣金」作為每一筆廣告訂單的酬勞，隨著業務範圍的擴大，代理業務的主體逐漸由單獨的受僱的個人變為了廣告公司，並且不斷完善服務內容，最終促使了廣告公司的誕生。

世界上第一家真正意義上的廣告公司誕生在美國。一般認為廣告代理公司的發展經歷了媒體掮客業務階段、專業服務階段和全面服務階段。

（一）媒體掮客業務階段（1841 年 -1880 年）

媒體掮客，也被稱為版面經紀人，是指站在媒體的立場，幫助媒體向客戶銷售版面的個人或組織。如果要給媒體掮客業務階段劃個時間點的話，可以認為這一階段始於 1841 年伏爾尼·帕爾默（Volney Palmer）兄弟在費城開辦第一家廣告公司，止於 1880 年後艾爾父子廣告公司開始向客戶提供附加廣告服務。

廣告公司在這一階段作為媒體掮客的角色出現，有其歷史背景：

1. 經濟背景

1837 年美國第一次經濟危機爆發，大批工廠企業倒閉，商品滯銷，企業迫切需要求助一種廉價而有效的方式來刺激人們的購買力。

2. 媒體背景

　　1830 年代初期，美國出現了歷史上第一批大眾化報刊，這些報刊打破了以往報刊精英化的定位，把目標閱聽人直接定位為普通民眾，內容淺顯易懂，迎合大眾的心理需求和審美趣味；最為重要的是其價格低廉，盈利模式由原來在零售和訂閱價格上收回成本，轉變為以低廉的價格盡可能大地擴大發行量，然後以廣告費來收回成本的模式。1833 年，大眾化報刊《太陽報》創刊，由剛創刊時 1000 份的發行量迅速發展為 6 個月時的 8000 份，3 年後達到 3 萬份。《太陽報》的巨大成功引發了其他報紙的紛紛效仿，大眾化報刊數量迅速增長，並且成為廣告商認可的主流廣告傳播媒介。

　　在以上背景下，1841 年，伏爾尼·帕爾默（Volney Palmer）兄弟在費城開辦了第一家廣告公司，專為各家報紙兜售廣告版面，並自稱「報紙廣告代理人」，從而宣告了廣告代理業的誕生。帕爾默公司的經營模式是從媒體廉價批發購買一定數量的廣告版面，然後零售給廣告客戶，從中獲取一定的利益。後來，廣告公司慢慢由銷售某一家媒體的廣告版面發展為版面批發商，即從多家媒體批發購買大量版面，然後將廣告版面分售給不同的廣告主，從中賺取利潤。例如 1865 年，喬治·路威爾（George Rowell）創辦的廣告公司就是進行「廣告批發代理」的先驅。

　　無論是版面買賣人，還是版面批發商，他們的業務重心無不是圍繞媒體版面展開的，服務內容也就是簡單的版面買賣，它們主要作為媒體的掮客存在，這就是廣告公司最初的職能定位。

（二）專業服務階段（1880 年 ~1923 年）

　　1880 年以後，艾爾父子廣告公司從單純為報紙推銷廣告版面，開始同時向客戶提供勞務服務，包括為客戶設計、撰寫文案，建議和安排適當的媒介，並代為製作廣告，標誌著廣告公司走向了專業服務階段。

1. 經濟背景

　　1865 年美國南北戰爭結束，終結了南方的奴隸制，由北部的工商業階層掌握著政權。一方面奴隸制的廢除為全國工業化進程掃清了障礙；另一方面，受戰爭的影響，全國經濟百廢待興，執政者頒布了一系列法令來激勵工商業的發展。南北戰爭後美國經濟獲得了快速發展，人們的物質和精神生活發生了急遽變化。同時，人口迅速由農村向城市轉移，導致城市化進程加快，美國城市從內戰前以商業為主的模式轉變為內戰後以製造業為主的模式。城市裡的企業主們大量生產製成品，銷往全國各地，他們對廣告的依賴比以前更強，同時競爭意識的萌發使他們開始注重廣告形式對傳播效果的影響。據稱，1886 年可口可樂剛試產時，一年只有 50 美元的銷售額，卻拿出 46 美元做廣告。這可以看出廣告在當時企業行銷體系中的地位。

2. 媒體背景

　　美國內戰後，政府鼓勵科技創新與開發，電燈、電話、電報、電影等相繼誕生。同時，報業也獲得了飛速的發展。1870 年到 1900 年間，報紙的數量增加了 3 倍，日銷售量增長了近 6 倍。英文日報從 1870 年的 489 家增加到 1900 年的 1967 家。所有日報的總發行量從 1870 年的 260 萬份上升到 1900 年的 1500 萬份。而週報的數量也翻了兩番，從約 4000 家猛增到 12000 多家。在這種背景下，對於廣告主來說，選擇在哪些媒體上投放廣告、以什麼形式展示廣告成了一個策略性問題，他們需要有專業機構來為他們解決這些問題。

　　因此，以艾耶父子廣告公司為代表的專業性廣告公司應運而生，他們告訴客戶真實的版麵價格，收取佣金，同時為客戶設計、撰寫文案，建議和安排合適的媒介並製作廣告。艾耶父子廣告公司由此被認為是「現代廣告公司的先驅」，也標誌著廣告代理制的真正形成，廣告公司的核心服務對象由媒體真正轉向了廣告主。

(三) 全面服務階段（1923 年～1994 年）

1923 年，美國最大的廣告公司——楊·羅必凱廣告公司創辦，該公司利用一切可能得到的媒介，為消費品製造業和消費服務業提供全面服務，標誌著廣告公司開始進入全面服務階段。簡單來說，廣告公司開展全面服務業務，有如下背景：

1. 經濟背景

1918 年，第一次世界大戰結束，世界大戰削弱了英、法、意三國的實力，美國一躍成為頭號經濟強國，GDP 迅猛上升，人民生活水準明顯提高，鼓勵消費、鼓勵享受的社會潮流湧動。與此同時，美國的企業走向成熟，開始出現以可口可樂、麥當勞、IBM 等為代表的商業巨頭，他們漸漸發展成為全美乃至全世界提供商品或服務的大型企業。但是，經濟的快速發展、週期性出現的經濟危機以及進軍海外市場時的陌生與風險等因素共同刺激著商業巨頭們的神經，他們迫切需要職能健全的、具有專業精神的機構來為他們提供全方位的行銷推廣服務。

2. 媒體背景

1922 年美國商業廣播電台創建，從 1922 年開始播放廣告，打破了印刷媒體一統天下的局面。1941 年美國出現電視台，隨後電視成為影響面最大的廣告手段。在此背景下，正式奠定了以報紙、雜誌、廣播、電視為核心的，現在所說的「傳統大眾媒體」格局，媒體環境較之前更為複雜，傳播效果隨之大打折扣。廣告主在廣告投放上面臨的不只是選擇哪家報刊做廣告，還涉及選擇哪類媒體、以哪種形式來做廣告。

在以上背景下，美國開始陸續出現大型廣告集團，他們作為廣告主的合作夥伴存在，服務內容漸漸由專業性服務向為企業提供市場行銷策略的綜合性服務演變，廣告公司不僅僅做廣告，而且開始廣泛涉及市場調查、產品開發、制定銷售策略、開展公關活動等業務範疇。並且在後來伴隨著廣告主進入海外市場，其幫助廣告主拓展海外業務，廣告公司與廣告主的關係更為密切。

1990 年代以後，以網路為代表的新媒體開始出現並迅速發展，在全世界範圍內掀起了一場前所未有的資訊技術革命，傳統的資訊傳播方式被徹底顛覆，閱聽人的媒體接觸行為被顛覆，媒介形態更加複雜多樣，媒體資源具有無窮性，精準的定向傳播成為迫切需求等。在這種背景下，一方面專門針對新媒體廣告的新型廣告代理公司不斷湧現，同時，傳統廣告代理公司也在不斷調整自己的業務範疇和作業模式，以適應新形勢的變化。

二、新媒體廣告代理公司的產生與發展

1994 年，世界上第一則網路廣告出現，這意味著網路廣告作為一種新媒體廣告形態之濫觴。隨著網路廣告的發展，必然需要諳熟相關業務的公司為廣告主提供服務，新媒體廣告代理公司在這種背景下開始萌芽和產生。概括來說，新媒體廣告代理業務經歷了如下幾個階段：

(一) 第一階段：媒介自行代理階段

由於人們對新媒體的認識有一個過程，專門服務於新媒體領域的專業廣告代理公司並沒有第一時間與網路廣告同步出現。在網路媒體誕生之初，最早的網路廣告服務由各網站自行承擔。以入口網站為代表的媒介組織為了推廣自己的媒體資源，模仿傳統媒體的形式，成立廣告部發展廣告業務。他們直接聯絡廣告客戶，說服廣告客戶投放廣告，並為其提供廣告設計與製作等服務。在這一時期，媒體廣告部彌補了廣告代理公司在新媒體領域的缺失，與大眾化報刊誕生的早期，由報社直接開展廣告業務有異曲同工之處。

(二) 第二階段：技術型網路廣告代理公司誕生階段

技術型網路廣告代理公司，通常也被稱為網路廣告服務商。

隨著網路廣告市場的發展，附屬於某單一媒體旗下的廣告部已經越來越難以適應廣告市場的需求，他們無法為廣告主提供系統而全面的服務，更無法推動行業的進一步發展。在這種背景下，一方面出現了一批專門代理入口網站某一欄目或板塊廣告的代理公司，他們按傳統的方式幫助網站拓展廣告業務；另一方面，一些電腦技術人員敏銳地洞察到網路廣告領域存在的新商

機，即網路版位數量巨大，廣告投放、版面管理、效果評估等都是亟待解決的問題。在這種背景下，專門服務於網路廣告的技術型公司應運而生。

1994年在美國成立的Adforce公司是很早致力於解決網際網路廣告技術問題的公司之一，他們主要以電腦技術為依託，為廣告發布者提供包括策劃、編期、播送、分析、核數、寄發帳單等網路廣告管理服務，大大簡化了網際網路廣告管理及發布工作。Double Click則是影響力最大的網際網路廣告代理公司，成立於1996年，其擁有強大的DART（動態廣告報告及目標定位）廣告服務平台，可以對廣告主的網路廣告活動進行集中策劃、執行、監控和追蹤。藉助強大的技術優勢，Double Click迅速發展成全球第一大網路廣告代理商。緊隨其後，與其類似的網路廣告代理公司相繼出現，如Right Media、aQuantive等。

（三）第三階段：新媒體廣告代理全面發展階段

隨著網路廣告市場的迅速發展和手機媒體、網路電視媒體業務的興起，各種形式的新媒體廣告代理公司如雨後春筍般出現。表現在如下方面：

1. 廣告聯盟嶄露頭角

廣告聯盟主要集合中小網路媒體的資源，透過聯盟平台幫助廣告主實現廣告投放，並進行廣告投放數據監測統計。網路廣告聯盟1996年起源於亞馬遜，但當時亞馬遜建立的廣告聯盟只是服務於自身的廣告投放，將自己的廣告利用廣告聯盟投放到數以萬計的中小網站上。2003年Google推出Google Adsense廣告聯盟，成為全球最大的網路廣告聯盟。

2. 以創意策略見長的新媒體廣告代理公司不斷湧現

如美國著名的網路廣告代理商24/7 Real Media，中國網際網路廣告綜合代理商世紀華美、安瑞索思，服務於網路遊戲廣告的創世奇蹟，致力於汽車廣告代理的科思世通、新意互動等。

3. 一些具有創新意識的傳統廣告公司開始向新媒體領域轉

型轉型方式主要有三種。第一種是公司整體轉型。即公司徹底放棄原有的傳統廣告業務，轉型為專門面向新媒體，為客戶提供新媒體廣告代理的廣告公司。

第二種是公司內部向新媒體領域滲透。即在原有架構的基礎上發展新媒體廣告業務，或直接分出一部分人員組建專門負責新媒體廣告和互動行銷的部門。

第三種是媒體代理型的廣告公司，在代理傳統媒體業務的同時，附帶著幫助網路媒體售賣廣告，比如成為大型網站的專案代理商或區域代理商。

（四）第四階段：併購與陣營分化階段

各類新媒體廣告代理公司在發展過程中，經歷了探索期的無序發展，業務模式趨於清晰。2006年以後，網路廣告市場掀起了一股併購潮，最終使得新媒體廣告代理公司逐漸從散點式分布狀態，分化為附屬於廣告集團和附屬於網路媒體的兩大陣營，這兩大陣營占據了網路廣告代理市場的絕大部分市占率。

1. 附屬於廣告集團的廣告代理陣營

一類以策略服務為導向的廣告代理公司，在發展過程中，其領先者逐漸走進傳統廣告集團的視野，往往被他們所併購或扶持，作為發展新媒體業務的重要棋子。2006年WPP集團在中國收購華揚聯眾，第二年在美國收購24/7 Real Media；WPP旗下的奧美集團也於2007年完成了對世紀華美的收購；此外，陽獅集團收購了龍拓互動；安吉斯集團收購了昌榮傳播、創世奇蹟、科思世通等；分眾集團更是從2007年開始在網際網路廣告代理市場進行了掃蕩式收購，一舉收購了好耶、創世奇蹟等近十家網路代理公司，占領網際網路廣告代理市場近50%的市占率，同時收購行業龍頭公司凱威點告，繼續整合獲得手機廣告市場50%的市占率。

2. 附屬於網路媒體的廣告代理陣營

另一類廣告代理公司側重於技術服務和媒體資源，其領先者最終往往被網際網路媒體巨頭所併購，成為其旗下的廣告服務部門。這一點在美國網路廣告市場上的表現更為明顯，網際網路巨頭為了提升自己在網路廣告市場上的競爭力，紛紛對網際網路廣告公司進行併購。2007 年 4 月，Google 以 31 億美元現金收購 Double Click；同年 5 月，微軟以 60 億美元的價格收購了 aQuantive；7 月，雅虎以 6.5 億美元收購了 24/7 Right Media 剩餘 80% 的股份；11 月，美國在線（AOL）也以 3.4 億美元收購了精準投放網際網路廣告公司 Quigo。

（五）第五階段：向行動廣告代理拓展階段

隨著智慧型手機的出現和 4G 業務的開通，網友注意力迅速向手機終端轉移，行動網際網路成為新媒體廣告的新戰場，一方面各類網路廣告代理商紛紛將自己的服務延伸至行動網際網路領域，另一方面，一些新興的手機廣告聯盟開始出現。

三、新媒體廣告代理公司的類型

由於新媒體廣告代理公司一直處於不斷的融合和變化中，且業務模式創新的廣告代理公司層出不窮，很難進行絕對的劃分。大體來說，可以從如下兩個角度進行分類。

（一）根據服務內容分類

從廣告公司的服務內容和業務側重點上看，新媒體廣告代理公司可分為綜合服務型廣告公司、媒體代理型廣告公司、技術服務型廣告公司三類。

1. 綜合服務型廣告公司

綜合服務型廣告公司是指那些可以為廣告主提供面向數位互動領域的綜合行銷傳播服務的廣告公司，服務內容涵蓋市場調研、廣告策劃、廣告創意、廣告製作、媒體計劃與購買、廣告監測、廣告效果評估等各個領域。廣告代

理公司在運作模式上與以策略為導向的傳統廣告代理公司較為相似，所不同的是他們的傳播指向是網路和行動網際網路等新媒體，傳播的手段一般是數位行銷或互動整合行銷，更加注重實效性。以安瑞索思為例，其服務內容主要包括互動品牌策略、互動創意、互動媒體、內容行銷、互動活動、客戶關係管理、行動網際網路傳播等領域。

2. 媒體代理型廣告公司

媒體代理型廣告公司，顧名思義，其主要服務重心在於媒體計劃和購買，一方面幫助廣告主選擇最適合的新媒體和版位進行精準的廣告投放，達到既能鎖定目標閱聽人又能節約成本的目的；另一方面幫助各類網路或行動新媒體挖掘廣告價值，進行流量變現。在新媒體廣告領域中最典型的媒體代理型廣告公司是各種網路廣告聯盟和無線廣告聯盟（或稱手機廣告聯盟），網路廣告聯盟如百度聯盟、阿里媽媽等，無線廣告聯盟如多盟、有米、點入等，廣告聯盟更多的服務於中小廣告主或中小型廣告媒體。

此外，一些大型的網站或行動媒體平台都有自己的頻道廣告代理商或區域廣告代理商，這些代理商也屬於媒體代理型廣告公司，他們沿襲傳統的「媒體掮客型」廣告銷售模式，為一家或幾家媒體招攬廣告。比如經過 Google 正式授權，專門給 Google 做代理的區域性廣告代理公司目前就有 26 家；行動網際網路行業的 APP「今日頭條」也有若干分行業的廣告代理公司為其招攬廣告。

3. 技術服務型廣告公司

技術服務型廣告代理公司是新媒體環境下特有的一種廣告公司形態，由於新媒體的快速發展，媒體資源極大豐富，目標閱聽人完全碎片化和分眾化，媒體投放的技術含量越來越高，僅依靠傳統的表格排期和經驗判斷進行廣告投放只會造成大量的無效投放和資金浪費。在這種背景下，依託廣告管理軟體進行媒體分析和廣告投放的技術服務型廣告代理公司應運而生。這類廣告公司一般由網站或技術服務商發展而來，他們諳熟網際網路資訊技術，主要依靠大數據和相關管理軟體，為廣告主擴大廣告效果，節省費用。如國外的

Double Click、24/7 Right Media。技術服務型廣告公司的一個突出特點是其既直接服務於廣告客戶，同時還服務於綜合型廣告代理商，為他們提供技術支持。

值得注意的是，隨著新媒體廣告業的成熟和網路行銷需求的多樣化，不同類型的廣告公司之間越來越多地尋求業務融合和合作，如綜合服務型廣告公司需要技術服務型廣告公司為其提供技術支持，技術服務型廣告公司同時兼營媒體整合和售賣業務，而媒體代理型廣告公司也在不斷開發更先進的技術平台。

（二）根據廣告代理公司的從屬關係分類

從新媒體廣告代理公司的從屬關係來看，可分為傳統廣告集團的新媒體業務拓展公司、新媒體下屬的廣告代理公司、獨立的新媒體廣告代理公司三類。

1. 傳統廣告集團的新媒體業務拓展公司

傳統廣告集團的新媒體業務拓展公司的來源有三種：廣告集團自建、合資、併購。比如奧美集團旗下的奧美互動、昌榮傳播集團下屬的昌榮互動和昌榮精準等，都屬於廣告集團自建的公司；電眾數位是電通廣告和分眾傳媒兩大集團互相整合優質資源合資建立的新媒體廣告代理公司；而華揚聯眾、好耶、龍拓互動、科思世通等分別被 WPP、分眾、陽獅、安吉斯集團收購，成為附屬於這些廣告集團的新媒體業務拓展公司。1996 年，好幾家廣告代理商沒有建立互動分支機構而是直接購買，對現有的互動代理商進行投資。如 True North 公司將 Modem Media 公司併購，Omnicom 公司將 5 個互動代理商 Agency.com，Interactive；Solutions，Razorfish，Red Sky Interative 以及 Think New Ideas 收於其門下。

2. 新媒體下屬的廣告代理公司

新媒體下屬的廣告代理公司一般以技術服務型公司為主，他們一方面幫助自己的媒體售賣站內版位和廣告資源，同時還作為廣告售賣平台，幫助其

他媒體售賣流量。新媒體下屬的廣告代理公司來源也有自建、合資、併購三種形式。美國微軟旗下的 aQuantive、Google 旗下 Double Click、雅虎旗下的 24/7 Right Media 均為收購而得。

3. 新興的獨立新媒體廣告代理公司

新興的獨立新媒體廣告代理公司是指，不附屬於任何一個集團而獨立運營的廣告代理公司，他們中有的由傳統廣告公司從業者創辦，有的由網站或技術服務商發展而來。但是，由於融合併購是新媒體市場的典型特徵，只有「合眾連橫」形成規模優勢，才能對抗外部競爭。因此，一些現在獨立的新媒體代理公司，可能不久後就被廣告集團或媒體集團併購，成為他們業務的組成部分。目前如安瑞索思、新意互動、品友互動、易傳媒等屬於獨立的新媒體廣告代理公司。

四、新媒體廣告代理公司的發展趨勢

從 1841 年伏爾尼·帕爾默創辦第一家廣告代理公司至今已有 170 餘年歷史，而新媒體廣告代理公司的誕生至今最多也就 20 年時間，其發展仍屬於起步階段，需要在摸索中前進。根據廣告市場的發展規律，可以預期，未來新媒體廣告代理公司的發展有如下幾個趨勢：

（一）市場分工更加明確，專業化趨勢凸顯

當前的新媒體廣告代理公司，業務領域的交叉現象較為普遍，比如綜合服務型廣告公司致力於開發各類技術工具，媒體型和技術型廣告公司卻想在品牌策略和創意上插上一腳，隨著市場的進一步成熟，不同類型的廣告公司之間分工將更為明確，各司其職，相互合作，最終形成多方共贏的局面。此外，隨著市場的成熟，必然會出現一批專門服務於某一類廣告主，或專注於某一媒體，細分市場的廣告代理公司，他們以更為專業化的服務，更精準的行銷來為細分市場的廣告主提供服務。

（二）網路廣告代理市場競爭將由比拚「媒體價格」，轉向比拚「廣告效果」

在傳統大眾媒體時期，一些廣告代理公司可以憑藉大規模的媒體採購或獨家媒體代理來獲得媒體價格優勢，並以此作為吸引客戶的核心競爭力。網路廣告代理市場中，媒體價格更為透明，廣告主的廣告投放行為越來越理智，加上廣告效果測量變得越來越具有可操作性，過去比拚「媒體價格」的競爭勢必轉向比拚「廣告效果」，這對網路廣告代理公司的整合行銷策劃能力將提出更高的要求。

（三）廣告的跨螢幕融合投放是大勢所趨，擅長跨平台綜合代理的廣告公司將逐漸增多

在現階段，傳統媒體廣告、網路廣告、手機廣告的代理幾乎是涇渭分明的，廣告代理公司一般只擅長於某個領域，即使是綜合服務型廣告集團，其新媒體與傳統媒體、網路媒體與行動媒體的廣告代理也分屬不同的部門負責。隨著傳統媒體、網際網路、行動網際網路之間的不斷融合，廣告主對跨螢幕融合投放廣告的需求增多，廣告策略和廣告投放必然會以目標為導向，突破不同媒體之間的界限，進行跨平台運作。在這種趨勢下，廣告公司必將提高其跨平台綜合代理能力。

（四）多重代理成為常態

從代理制來看，傳統廣告代理制度下，廣告公司直接連接廣告主與媒體，幾乎可以獨立完成廣告主的所有廣告代理業務。但是在新媒體環境下，尤其是隨著 RTB（實時競價）廣告模式逐漸成為主流，各類廣告代理商越來越需要互相合作和借力，實現跨平台、跨渠道、跨終端的優勢互補，最終實現廣告的精準投放。比如綜合性廣告代理商需要藉助擁有 DSP（需求方平台）的技術型廣告代理商為其提供的技術支持，而這個技術型廣告代理商可能同時又需要媒體型廣告代理商為其提供的平台支持。

（五）優勝劣汰和資本併購，市場集中度進一步提高

在市場經濟中，規模優勢可以讓企業的抗風險能力加強，在新媒體市場中更是如此。目前，在新媒體廣告代理公司中，小型的創業型公司占了很大一部分，隨著市場競爭的加劇，一批競爭力較弱的廣告公司必然要被淘汰出局，而表現較為突出的廣告公司則將越來越多地被大的廣告集團或媒體集團併購，成為其增加自身實力的新鮮血液。

五、傳統廣告代理公司的困境

隨著以網際網路、行動網際網路為依託的新媒體的洶湧來襲，傳統運作模式的廣告公司正在成為傳媒產業鏈上最脆弱的一個環節，尤其那些以傳統媒體為依託，以創意服務為導向的廣告公司，生存空間正在被擠壓得越來越小。為了便於理解，以下從傳播鏈條的角度，透過兩個簡圖來示意在新舊媒體環境下廣告市場運行概況（如圖5-2，5-3）。

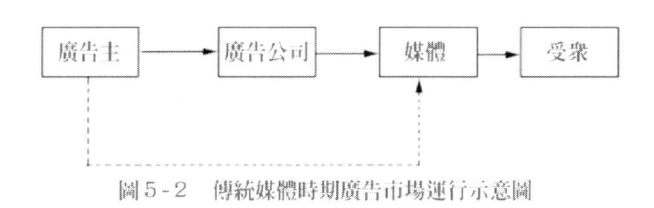

圖 5-2　傳統媒體時期廣告市場運行示意圖

從圖5-2可以看出，在傳統媒體時期，廣告市場運行路徑較為單一。這一時期，由於資訊不對稱及媒體資源相對稀缺，廣告公司作為廣告主與媒體之間的橋梁，地位較為穩定。

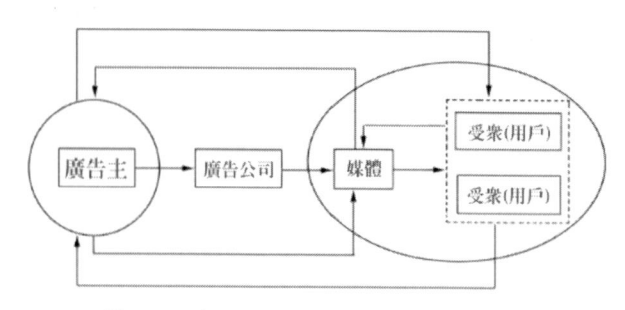

圖5-3　新媒體時期下廣告市場運行示意圖

而新媒體時期的廣告市場如圖5-3所示，呈現如下特徵：市場關係更加複雜，但資訊的傳播與回饋路徑更加暢通；廣告主外延擴大，投放廣告不再是大型企業的專利，長尾效應使中小型廣告主成了廣告的主流；媒體的外延擴大，垂直網站、社交媒體、搜尋引擎網站等都可以成為廣告投放平台；媒體與閱聽人的關係越來越緊密，甚至融為一體，共同構建成一個大傳播環境；閱聽人的內涵發生變化，其由閱聽人向使用者轉變，不僅是資訊接受者，更是資訊傳播者。同時，從圖中也可以看出，隨著廣告市場中其他要素之間關係越來越緊密，傳統廣告公司作為維繫傳統廣告主與媒體的橋梁的鏈條變得越來越脆弱。

從廣告市場運行圖可以看出，廣告市場大環境、廣告主、廣告媒體、廣告閱聽人這幾個因素是廣告公司賴以生存的外部環境，我們可以從這幾個方面來剖析傳統廣告公司面臨的困境。

（一）從廣告市場大環境來看，廣告投放格局的變化以及市場環境複雜化，使廣告公司經營面臨前所未有的挑戰

傳統廣告占比持續下滑，新媒體廣告增長迅速，傳統廣告公司必然遭遇業務萎縮。此外，在資訊傳播渠道極為暢通的新媒體背景下，帶有強迫性的硬性廣告的傳播效果日漸減弱，「跨界」成為一個無法迴避的概念。廣告與公關、活動、話題或事件緊密關聯，常需要在不著痕跡中傳達產品資訊和企業理念，傳統廣告公司如果不具備新媒體時代的跨界思維和跨界運作能力，原有的業務占比勢必越變越小。

（二）從廣告主層面來看，廣告主自身加強對廣告業務的滲透，廣告公司遭遇被「架空」的危機

一是隨著企業與媒體、使用者之間的雙向溝通愈加緊密和順暢化，一些大型企業開始親自操刀部分廣告業務，其市場部門越來越多的直接參與廣告策劃、設計、投放等環節，在一定意義上取代了廣告公司的部分職能。2009年P＆G公司就已經撤開了其媒體代理公司，由內部採購部直接與媒體進行價格談判。2014年6月，又有報導稱蘋果公司正在逐步脫離為其代理廣告業務30餘年的TBWA廣告公司，而嘗試組建自己的廣告團隊，以便更好地執行其在市場推廣方面所劃撥的11億美元預算。

二是網路廣告的程式化購買，使廣告主可以自行投放廣告，廣告代理制受到挑戰。

三是企業實體向網路轉移，廣告預算直接與網路運營商關聯。在新媒體時代，傳統的商圈被網際網路商圈迅速取代，大部分企業都將實體銷售業務轉向網路，紛紛開始在淘寶天貓、京東等電子商務平台中開店或售賣商品，相應的，其廣告預算必然也將向平台運營商轉移。與此同時，幾大網際網路巨頭均將廣告業務視為收入的重要來源，並直接與廣告主產生關聯，開展廣告業務。

（三）從媒體層面看，媒體環境複雜化、媒體的「扁平化」趨勢及新型媒體對廣告業務的自發展，使廣告公司的優勢缺失

一是媒體數量眾多，資源無限，使廣告公司業務難度加大，工作成效降低。傳統的廣告公司採用excel表格進行廣告排期，只需要參照發行率、到達率、涵蓋率、收視率等客觀指標；但在資訊碎片化的新媒體時代，要考慮的是媒體與閱聽人的黏著度，以及廣告的投入產出比，這對於仍採用傳統思維的廣告公司來說無疑是一大挑戰。

二是媒體的「扁平化」使資源價值越來越低，廣告公司喪失資源優勢。所謂媒體的「扁平化」，是相對於傳統媒體時期常提及的「強勢媒體」和「弱勢媒體」而言的，在媒體資源有限及傳播條件受限制的傳統媒體時代，媒體

資源的好壞優劣較為明顯，容易根據廣告效果被分為三六九等。一些廣告公司由於直接掌握了「強勢媒體」資源而獲得較快發展，比如獲得央視部分頻道的代理權，或擁有城區核心戶外資源等。而在新媒體時代，媒體資源的無限性及表現形式的多樣化，使得不同媒體資源間的差異對廣告效果已經難以構成絕對影響，資源價值越來越低，常常陷入價格戰，因此，媒體資源掌控已很難成為廣告公司的優勢。

三是新型媒體往往自身完成廣告經營業務，廣告公司生存空間被擠壓，新媒體廣告經營業務一般透過廣告主競價排名平台完成，幾乎不需要廣告公司作為橋梁。因此可以看出，雖然全國廣告營業額大幅上漲，但能與廣告公司發生關聯的廣告活動正在萎縮。

四是從閱聽人層面看，閱聽人群體特徵及行為方式的變化，對廣告公司專業能力提出挑戰。閱聽人群體特徵和行為方式的變化主要表現在如下幾方面：

（1）數量眾多形式多樣的新媒體將閱聽人分割成了無數碎片化小群體，導致廣告到達率分散。

（2）新媒體環境下的閱聽人從資訊的被動接受者變成主動蒐集者和資訊傳播者，「閱聽人」的概念弱化，「使用者」、「授眾」特徵凸顯。

（3）閱聽人對傳統以「大創意」為特徵的廣告形式敏感性降低，他們常常更重視產品評價、產品口碑，在實際購買行為中由對廣告的信任漸漸轉變為了對人的信任。

（4）由於網路傳播的便捷性，閱聽人可以在第一時間對廣告資訊做出回饋，因而導致廣告效果評估更加明晰。基於以上變化，傳統廣告公司所擅長的「策略＋大創意」的廣告作業方式，以及粗放型廣告投放模式，必然受到挑戰。

在這種背景下，傳統廣告公司的轉型、新型廣告公司的出現便成了歷史的必然。

第三節 新媒體廣告的媒介組織

除了廣告主和廣告代理公司外，新媒體廣告市場的另一個市場主體即是新媒體廣告發布者。與傳統媒體時期不同的是，新媒體時期的廣告發布者陣營遠遠大於傳統媒體時期的陣營。在新媒體環境下，人們進入「泛媒體」時代，人人都可能是媒介經營者和發布者。因此，從廣告發布者的構成來看，主要包括兩大類別：一種是自媒體所有者，一般以個人或小團隊為主體；另一種則是媒介組織。本節中主要介紹新媒體廣告媒介組織的相關問題。

一、媒介組織的概念

「媒介組織」這一概念來源於社會學中的「社會組織」（social organization），「社會組織」指為了實現特定的目標而有意識地組合起來的社會群體。從傳播學的角度看，媒介組織指專門從事大眾傳播活動，以滿足社會資訊和娛樂需要的社會機構。那麼，從「廣告媒介」的角度看，作為廣告發布者的媒介組織，又可稱為媒介經營機構，專指為廣告主提供廣告發布平台，為其發布廣告資訊，並以廣告費作為重要收入來源的社會機構。

傳統媒體中的廣告發布者主要指報社、雜誌社、電視台、廣播電台等專業媒介組織，也包括少數擁有媒介資源的私營企業或個人，如戶外廣告牌、公車車體、POP等媒介資源的媒介經營機構等。在新媒體環境下，媒介組織形式發生了巨大的變化，對新媒體廣告的媒介組織研究，有助於我們把握新媒體廣告市場的整體運作規律和發展態勢。

（一）媒體、媒介、廣告媒介、媒介組織的概念區分

在日常應用中，媒體、媒介、廣告媒介、媒介組織這幾個概念常出現交叉和混用，為了本書理解的統一，有必要首先對這幾個概念進行界定和區分。

「媒體」是傳媒經濟學中的概念，在傳統媒體時期，「媒體」一般約定俗成地等同於大眾媒體，如「某某在媒體工作」即指的在報社、雜誌社、廣播電台、電視台等媒體單位工作。有人認為，未來，無論是以單一載體，或

是一種複合形態的品牌面貌出現，能代表一種獨特的立場，透過某種或多種形式，服務於特定的人群的媒介形式，我們皆可以稱為媒體。

「媒介」是傳播學的一個核心概念，其具有多層含義。從廣義上說，媒介指一切可以承載資訊的物質載體，麥克盧漢認為媒介是人類器官延伸的一切工具和技術，住宅、汽車、滑稽漫畫、貨幣等都屬於媒介範疇。雖然一切可以承載資訊的物質載體均可稱為媒介，但並不是所有的媒介都具有廣告價值，那些具有廣告價值，併負載了廣告資訊的物質載體被稱為「廣告媒介」。從狹義上說，「媒介」常特指報紙、雜誌、廣播、電視、網路等大眾傳播媒介，從這個層面說，「媒介」與「媒體」、「廣告媒介」三者常常可以通用。本書中的媒介指的狹義上的媒介概念，為了概念統一，本書後文一致採用「廣告媒介」這一概念。「廣告媒介」概念也包含兩層意義：一是指傳播廣告資訊的物質載體，如報紙、廣播、電視節目、網路等；另一層意義指廣告資訊發布的行為主體，即「媒介組織」。本章所討論的作為廣告市場主體之一的廣告媒介，指向的是後一層意思，即從事廣告經營和發布活動的媒介組織。

（二）媒介組織的概念發展

在傳統媒體時期，大眾媒體的廣告經營收入占整體廣告市場的絕大部分市占率，因此，作為廣告資訊發布行為主體的「媒介組織」一般指的是報社、雜誌社、廣播電台、電視台等大眾媒介機構，通常也稱為「媒體」，其以專業的新聞和資訊生產為核心，以一對多的大眾傳播為主要傳播模式，以廣告發布為主要盈利手段。然而，在新媒體環境下，媒介形態顯著分化，從事廣告發布的社會組織形態各異，媒介組織的內涵和外延也相應發生了巨大變化。

首先，從媒介組織的內涵上看，新媒體環境下的媒介組織的核心競爭力不在於內容生產和資訊發布，而是打造一個開放的、互動的、黏合性高的綜合服務平台；其資訊傳播模式不是傳統一對多「廣播式」的線性模式，而是多主體的雙向傳播，UGC（使用者生成內容）模式成為常態。因此，新媒體中的廣告媒介已不是傳統意義上的「媒體」，而是一種「媒介平台」，正如美國最受歡迎的社交網路 Twitter 的新聞負責人也說，Twitter 永遠不做新聞，新媒體只是一個為新聞及其他內容服務的媒介平台而已。「媒介平台」

的經營者也不是傳統意義上的「媒介組織」，而是融集成資源、響應需求和創造價值於一體的綜合服務提供商，它是一種新的媒介組織。在新媒體廣告市場中，還常常將這種媒介組織直接稱為廣告運營商。

其次，從媒介組織的外延上看，作為廣告資訊發布者的媒介組織既包含傳統以新聞和資訊生產為核心的媒介組織形態，還包含無數並不從事新聞生產或提供新聞資訊的媒介組織形態，他們的核心競爭力在於為使用者提供各類網路應用服務，以此來吸引使用者並不斷提高使用者黏著度，以閱聽人的注意力為提升媒介平台廣告價值的資本，以吸引廣告主在相應的平台上進行廣告投放。因此，新媒體廣告的媒介組織是多樣化和不拘一格的。

二、新媒體環境下媒介組織的特點

為了更深入地理解新媒體環境下媒介組織在內涵和外延上發生的變化，以下具體從四個方面分析其不同於傳統媒介組織的突出特點。

（一）從規模上看，數量眾多，但市場集中度高

新媒體出現的時間雖然不長，但媒介組織的數量呈幾何倍數增長。以網路媒體的主要組織形態網站來看，中國的網站數量要以「百萬」為計量單位，從 2010 年到 2014 年間，網站數量在 2013 年 12 月達到最高峰 320 萬個。截至目前，一些網站由於經營等問題停止服務，但各類網站數量仍有 273 萬個（如圖 5-4 所示）。社會上幾乎所有的實體機構都建立了專有網站來開展資訊傳播活動，其中有較大一部分網站只是單純的資訊窗口，不參與廣告經營活動，不屬於廣告發布主體，但仍有數以幾十萬計的各類網站以廣告發布作為盈利模式，例如百度網盟聲稱其「以 60 萬家優質聯盟網站為推廣平台」，這足以說明新型媒介組織的數量要遠遠多於傳統大眾媒體。再看傳統媒體的數量，雖然報紙、雜誌等傳統媒體形式經歷了上百年的發展歷程，電視媒體從出現至今也有 60 餘年歷史，數量上已經大幅增長，據粗略統計，截至 2013 年，中國全國共出版期刊 9877 種，出版報紙 1915 種，共有電影頻道 3000 餘個。對比之下，可見一斑。

正是由於廣告媒介數量眾多，直接導致了不同媒介機構之間的競爭異常激烈，誰擁有了使用者誰就能獲得生存空間，而新媒體使用者由於媒介選擇範圍廣，忠誠度非常低，那些規模大、口碑好、服務全面的媒介平台更能獲得使用者青睞。經過多年的發展和優勝劣汰，一些規模較小且同質化程度高的企業漸漸走向破產或倒閉。以影片網站為例，中國影片網站誕生於2005年，經過2006年的爆發式增長期，最高峰時達到300多家，但是到目前為止只剩下20餘家，淘汰率接近90%；還有一部分在某方面具有特色或優勢的機構被實力更為雄厚的媒介組織併購。

發展到現在，幾乎每個細分領域都形成了鮮明的梯隊性格局，處於第一梯隊的少數幾家網路企業則是廣告市占率的主要占有者。如入口網站領域的騰訊、新浪、搜狐、網易；電子商務領域的阿里巴巴、亞馬遜；搜尋引擎領域的百度、Google等。以網站來看，排名前五的網站就占據了整個廣告市場50%以上的市占率。近幾年，百度、阿里巴巴、騰訊更是以橫掃千軍之勢，跨領域擴張，逐漸形成囊括娛樂、購物、搜尋、社交等多種應用服務為一體的網路媒介集團，被併稱BAT三大網路巨頭。2014年第一季度，三家企業的廣告市場收入占比分別為32.2%、17.3%、5%（見圖5-5），占比之和占據了整體網路廣告市場的半壁江山。在美國，根據eMarketer公司的資料，Google一家公司占2015年美國廣告總支出的占比就超過10%，到2016年，Google和Facebook在規模2000億美元的美國媒體廣告市場的占比將達到15%。

（二）從形態上看，開放、多元、角色複合

有學者說「傳統媒體的媒介組織形態，是一個以『把關人』和專業主義的新聞生產為中心的輻射式結構」，也就是說傳統媒介組織的核心資源和核心內容是專業的新聞生產。但對於新媒體環境下的媒介組織，是否生產或提供新聞資訊已不是其唯一或核心標籤。

第三節 新媒體廣告的媒介組織

1. 新的媒介組織是一個開放的系統

綜觀現在具有較大影響力的媒體新貴，其出身來源各不相同，有的是從終端廠商一腳邁入傳媒行業（如蘋果），有的是從網路應用服務不斷拓展（如Google），有的是從系統服務轉型而來（如微軟），還有的是誕生在新媒體下的全新媒體（如Facebook）。

2. 新的媒介組織有多元化特徵

新媒體的媒介組織形態既包含傳統的，以新聞和資訊生產為核心的媒介組織，如從傳統媒體衍生而來的人民網、鳳凰網等，還包含諸多只進行部分資訊生產，同時提供多種網路應用服務的媒介組織形態，如騰訊、網易等；此外，還有幾乎不從事自主的資訊生產，只提供資訊服務的媒介組織形態，如百度、Google等。甚至還有完全不從事任何與資訊生產，也不服務相關活動的網路企業，但他們卻是新媒體廣告市占率的主力軍，這也是新型的媒介組織形態的一種，如阿里巴巴、京東商城等電子商務平台。

以易觀智庫統計的2014年中國網路廣告運營商市場收入占比為例（見圖5-5），可以看出，廣告收入靠前的廣告運營商，在服務領域上差異巨大。排名第一的百度是一家主要提供中文搜尋引擎服務的公司；而排名第二的阿里巴巴則是以提供電子商務服務為主的公司；此外，還有以資訊服務為主的搜狐、新浪等入口網站；有提供免費影片為主的優酷土豆影片網站；有專注於某一行業的垂直網站如搜房、汽車之家；甚至以提供網路安全服務和瀏覽器軟體的奇虎360也躋身其中。根據奇虎360財報，其2013年第四季度營收為2.216億美元，其中在線廣告營收為1.424億美元，占總營收的64.3%。這些形態迥異的網路企業以為使用者提供不同領域的免費基礎服務為核心競爭力，以吸引最大範圍的使用者為目標，最終將自己打造成有價值的廣告發布平台。

3. 新的媒介組織承載複合的社會角色

正是由於新媒體媒介組織形態多樣化，使其相對於傳統媒體而言在角色上具有複合性，如BAT（百度、阿里巴巴、騰訊）三大巨頭企業，他們身上

既存在媒介組織角色的一面，還同時扮演著諸多其他角色，諸如技術服務公司、電子商務運營公司、網路金融公司等。相應地這些媒介組織的盈利模式也更加多元化，廣告並不是其賴以生存的唯一收入。例如騰訊公司 2014 年第二季度財報顯示，雖然這一季度廣告收入強勁增長，網路廣告收入 20.64 億元，環比增長 75%，但在騰訊公司 197 億元的總收入中，仍只占據大約 10% 的比例。

（三）從經營上看，資本運營、併購融合成常態

在傳統媒體時期，媒介組織進行資本積累的方式主要是依靠內部力量，透過年復一年的自我盈利進行原始積累，這種方式導致資金來源少而慢，難以推動企業進行多元化拓展。而新媒體是伴隨著外部資本市場成長起來的，投資、併購、重組、上市等資本運營手段是新媒體企業十分擅長的領域之一，因此，在新媒體領域，各類媒介組織的資本運營和併購融合成為一種常態。

一方面一些小型的網路公司依靠各類社會資本的力量，不斷在某一細分領域鞏固自身地位；另一方面，一些已經成長起來的網路企業，尤其是 BAT 巨頭，為了應對未來的競爭，紛紛斥以巨資，透過投資、併購等方式來占領網路和行動網路各領域的入口和出口，將原本相對單一產品的公司，壯大成為一個集消費、娛樂、服務、社交等為一身的巨型公司。

2013 年一年，阿里巴巴就動用逾 20 億美元，入股或直接併購了 10 家公司，其中包括以 5.68 億美元大手筆入股的新浪微博，占據其 18% 股權，以及全資收購的高德地圖公司等，此外，阿里巴巴還投資了包括陌生人交友工具陌陌、音樂網站蝦米網、團購網站美團、快的打車、行動數據分析工具友盟、丁丁網優惠券、旅遊 APP「在路上」等各類媒介產品。而百度在 2013 年以 19 億美元價格收購了 91 手機助手，成為中國網路史上最大的併購案；同時百度、愛奇藝又以 3.7 億美元收購 PPS；此外，百度還在地圖、團購、垂直搜尋等多個細分領域進行了資本投資。三大巨頭之一的騰訊，更是透過大規模的併購來跑馬圈地。據統計，騰訊自上市以來，對外併購投資支出已超過 530 億元，年報中有披露的投資標的累計超過 80 個，幾乎遍布網路各個細分領域（見圖 5-6），包括而未曾披露的早期項目更是數倍於此。僅

2014 年上半年，騰訊就入股了京東商城、樂居、58 同城、四維圖新、獵豹行動、大眾點評網等多個網路公司。

在國外，同樣的併購和融合也在進行，如 2006 年 11 月，Google 公司收購了美國最大的影片網站 YouTube；2008 年 12 月，美國網路電視新軍 Joost 和全球最大的社交網站 Facebook 實現融合，Facebook 使用者可以直接登錄 Joost，並和好友一同觀看影片；2014 年 2 月，Facebook 宣布以 190 億美元價格收購 Whats App 等。這種大規模的資金投入，對於傳統媒體而言是不可想像的。

（四）從傳播特性上看，跨媒體、跨地域經營

跨界是新媒體的一個重要特徵。新媒體的媒介組織一方面可以順暢實現跨媒體運營，另一方面還可以跨地域發展。所謂跨媒體，是指跨越網路媒體、手機媒體和互動性電視媒體三種媒體形態界限。在傳統媒體環境下，報紙、電視、雜誌、廣播等媒體形態各自為政，很難有某一種媒介產品能同時適應多種媒介形態。而在新媒體環境下，媒介間互相滲透與融合變得更為輕而易舉，一款產品可以以不同的形式同時生根於網路、手機和互動性電視媒體中。以中國網路影片行業的領導品牌愛奇藝為例，愛奇藝在創辦之初是以網頁版為網路使用者提供在線影片服務，在啟用「一雲多螢幕、多螢幕合一」的無線策略後，以 APP 形式全面涵蓋了電視端、手機端、PAD 端，實現了同一個產品的多螢幕觀看。2012 年 4 月，愛奇藝 APP 終端涵蓋 9037 款機型和所有操作系統，手機客戶端裝機量近 4000 萬，iPad 客戶端裝機量超過 600 萬。可以預見，隨著數位化技術的進一步發展，在未來物聯網極度發達，可穿戴設備成為尋常之物的世界裡，諸如愛奇藝之類的媒介產品還可以跨越更多的媒體介質，生根發芽。

跨地域發展是指新媒體的媒介組織可以跨越地區、國家的界限進行運營。在傳統媒體時期，大眾媒體長期以來實行「事業單位，企業化管理」的管理機制，有較嚴格的地域限制，媒體間如同諸侯割據，各占一方，實行壟斷性和區域性運營。尤其是報紙和廣播媒體，除了少數全國性報刊外，大部分只在特定的地域發行或播放，比如《南方都市報》只在珠三角地區發行，《京

華時報》只在北京地區銷售。而新媒體環境下的廣告媒介完全突破了地域限制，其閱聽人和使用者可以是全世界任何地方的任何人，不存在區域性媒體的概念，任何媒介組織都是全國的，乃至全世界的。2014年6月，微信宣布其海外使用者已突破2億，這意味著騰訊公司以微信產品為紐帶，已走向了世界。

三、新媒體媒介組織的典型形態

網路發展歷程經過了WEB1.0、WEB2.0時代，現在正式進入WEB3.0時代；網路的典型應用從最初以入口網站為主、發展到搜尋引擎、社區、部落格、電子商務等應用形式，到現在網路與行動網路相結合，微博、微信等行動應用成為新寵；網路的內容生產模式從資訊的採集整理、有效篩選，到搭建平台、使用者參與內容創造。在這過程中，作為這些新媒體應用和媒體內容經營者的媒介組織，也在不斷地融合和發展，有些在歷史的洪流中沉寂、消失，有些不斷地發展、壯大。大體來說，目前新媒體的媒介組織有如下幾種典型形態：

（一）綜合型媒介組織

綜合型媒介組織也可以稱為綜合性媒介組織集團，其主要特點在於旗下媒介產品的多元性，綜合型媒介組織通常在發展過程中，以雄厚的資金實力，透過投資、入股、併購等方式將其他各種類型的小型媒介組織納入囊中，從而構建成跨越多個細分領域、跨越不同媒體形式的綜合性媒介組織集團。

在中國，綜合型媒介組織以百度、阿里巴巴、騰訊三巨頭為主要代表。以百度為例，透過不斷發展與併購，目前百度所代表的已不再是單純的搜尋引擎網站，其旗下囊括了影片網站愛奇藝、音樂網站千千靜聽、婚戀網站百合網、導航網站hao123、團購網站百度糯米、軟體網站天空軟體、無線網路公司91無線等若干家針對不同細分領域的小型媒介組織。與之相類似，阿里巴巴所做的也不再是純粹的電子商務，騰訊更不是最初的即時通訊工具。在美國，比較典型的綜合型媒介組織有微軟、雅虎、Google、AOL時代華納公司等網路媒體巨頭。

(二) 專業型媒介組織

專業型的媒介組織指，主要針對某一特定領域提供資訊，或網路應用服務的媒介組織。他們依託於所提供的資訊或服務，來培養或吸引使用者，同時透過售賣使用者注意力資源來獲得廣告收入。專業型的媒介組織因其關注的領域不同，而分為不同的類型：

1. 新聞類媒介組織

新聞類媒介組織指的是，以提供各類新聞資訊為主體的媒介機構。新聞類媒介組織有很多種，如以新浪、搜狐為代表的新興入口網站平台，以人民網、鳳凰網為代表的基於傳統媒體發展而來的新聞網站平台，以及傳統媒體在網路上開設的各類獨立的宣傳平台，如中央電視台下屬的中國網路電視台等，都屬於專業新聞類媒介組織。

2. 娛樂、社交類媒介組織

娛樂、社交類媒介組織指以娛樂或社交為目的的媒介機構，內容囊括網路影片、音樂、遊戲、文學、論壇、部落格、婚戀交友、口碑推介等。如以優酷土豆、暴風影音等為代表的影片平台；以酷狗、蝦米音樂、多米音樂等為代表的音樂平台；以天涯、豆瓣等為代表的社交平台；以趕集生活、58同城等為代表的資訊平台等。

3. 網路服務類媒介組織

網路服務類媒介組織是指，以提供專項網路服務為內容的媒介機構，如搜尋服務、導航服務、郵箱服務、軟體下載服務、殺毒服務、地圖導航、網路黃頁等。

4. 電子商務類媒介組織

電子商務類媒介組織是指專門搭建B2B或B2C等電子商務活動平台或從事電子商務業務的媒介組織。如京東商城、一號店、攜程網等都屬於這一類。

(三) 特殊形態的媒介組織

在新媒體領域，還有一類特殊的媒介組織，他們的主要業務不在於開發媒介資源，卻偶爾承載著媒介組織的部分功能。比如與手機媒體相關的三大運營商，中國移動曾開發行動夢網，作為手機上網使用者的 WAP 入口，憑藉其龐大的手機使用者資源來開展媒介經營活動，並獲得了可觀的廣告收入。

之前，中國的行動運營商一直將自己標榜為「行動通信專家」之類的角色。然而，在媒融合及內容產業興起的趨勢下，這些企業的定位都有所改變。比如，中國聯通目前正努力由「基礎電信網路運營商」向「現代化的綜合通訊與資訊服務提供商」轉變，提供的業務也將由原來的以通訊為主、以資訊為輔，逐步向通訊和資訊並重的方向調整。語音通訊業務不再是唯一的主營業務，手機電視、手機報、數據服務、行動網路等成為新的業務增長點。

【知識回顧】

本章主要介紹新媒體廣告市場中的三大主體：廣告主、廣告代理公司、廣告媒介組織。與傳統媒體時期的廣告主體相比，其存在形態和生存形態都發生了巨大變化。

新媒體廣告的廣告主從來源上看包括傳統品牌廣告主、新興的 IT 企業、小型企業或個人。目前，新媒體廣告主數量增長迅速，其中中小型廣告主成為主力隊伍；行業結構日漸多元化；廣告投放方式多樣化。從廣告觀念上看，新媒體廣告主重視混媒投放、精準投放、與消費者互動以及性價比最大化。從具體廣告行為上看，新媒體廣告主的費用控制更為嚴格，廣告計劃靈活性提高，對媒體的依賴度降低，對廣告公司的專業化要求更高。但是，新媒體環境下的廣告主目前也處於面對新媒體的茫然和探索期。

新媒體廣告代理公司與廣告主類似，並不是孤立的概念，與傳統廣告代理公司存在千絲萬縷的聯繫。瞭解傳統廣告代理公司從媒體掮客業務階段到專業服務階段、全面服務階段的發展歷程，有助於幫助我們認識新媒體廣告代理公司的發展階段和未來的發展方向。新媒體廣告代理公司的出現滯後於網路廣告的誕生，可劃分為新媒體廣告代理公司、技術型網路廣告代理公司

誕生階段、新媒體廣告代理全面發展階段、併購與陣營分化階段以及向行動代理拓展階段。目前的新媒體廣告代理公司，根據服務內容來看可分為綜合服務型廣告代理公司、媒介型廣告代理公司及技術服務型廣告代理公司三種；根據廣告代理公司的從屬關係來分類，可分為傳統廣告集團的新媒體業務拓展公司、新媒體下屬的廣告代理公司以及新興的獨立新媒體廣告代理公司三種。從廣告代理業的發展趨勢上看，市場分工更加明確；市場競爭將由比拼「媒介價格」向比拼「廣告效果」轉變；跨螢幕代理將成為未來廣告代理公司的發展方向；多重代理將成為常態；優勝劣汰和資本併購將使廣告代理公司的市場集中度進一步提高。

新媒體環境下的媒介組織與傳統媒體相比具有明顯的特點：從規模上看，數量眾多，但市場集中度更高；從形態上看，開放、多元、複合是其典型特徵；從經營上看，資本運營、併購融合是新常態；從傳播特性上看，跨媒體、跨地域經營是發展方向。新媒體媒介組織可分為綜合型媒介組織、專業型媒介組織和特殊形態的媒介組織三種典型類別。

【思考題】

1. 新媒體環境下廣告主應該如何與消費者溝通？

2. 新媒體環境下廣告主應該如何處理與廣告代理公司、廣告媒體之間的關係？

3. 傳統廣告代理公司應該如何積極轉型？

4. 新媒體廣告代理公司如何在技術與創意之間找到平衡？

5. 媒介組織如何處理好資訊傳播與廣告經營之間的關係？

新媒體廣告
第六章 新媒體廣告的市場客體（廣告閱聽人）

第六章 新媒體廣告的市場客體（廣告閱聽人）

【知識目標】

☆新媒體廣告閱聽人的界定和內涵

☆新媒體廣告閱聽人（使用者）的特點

☆新媒體廣告傳播中的閱聽人策略

【能力目標】

1. 理解閱聽人、廣告閱聽人、網友、使用者、消費者等概念

2. 能從多角度分析新媒體使用者的特點

3. 能夠解釋新媒體使用者的消費行為

4. 能夠結合案例闡述新媒體廣告的閱聽人策略

【案例導入】

　　2013年夏天，為了迎合年輕消費者，可口可樂悄然推出針對中國市場的新包裝，原來一貫的紅色包裝上的「可口可樂」四個大字消失不見，而是變成了諸如「文藝青年、高富帥、白富美、天然呆、喵星人、閨蜜、吃貨」等網路流行語。與此同時，可口可樂整合線上線下行銷，進行全面的傳播布局，拉開了一場「暱稱瓶」夏日賣萌行銷大戰，並獲得極大迴響。

　　可口可樂這一行銷活動靈感來源於澳洲地區可口可樂「姓名瓶身」創意。當時可口可樂於澳洲推出了這一極具個性化產品，使用者在社交網站上可以製作訂製化的瓶子，同時還能在超市購買到150種印有常見名字的可樂，如果你的名字碰巧不在這150個之列，還可以在當地的購物中心進行免費訂製。與澳洲市場單純印有常見名字的做法不同，這次可口可樂在中國市場使用流行的網路用語來替換常見的名字，更加受到人們的歡迎。

新媒體廣告

第六章 新媒體廣告的市場客體（廣告閱聽人）

在可口可樂官方正式宣布換包裝的消息之前，可口可樂公司就開始進行行銷布局。2013年5月，可口可樂公司首先向各路明星和意見領袖陸續寄出為他們量身訂製的「暱稱瓶」，所有首批收到訂製「暱稱瓶」的人同時會收到一張小卡片，邀請他們在社交網路上分享自己收到的禮物。因此，在5月底6月初，網上一共有兩千多位明星和意見領袖在社交網站上分享了自己收到的「暱稱瓶」。「曬瓶子」這一行為首先在網路上掀起了討論高潮：「為什麼他們會有這樣的可樂瓶？」、「哪裡可以買到？」網友們對瓶子的來源產生了強烈的好奇心，然而可口可樂官方一直保持沉默。5月28日可口可樂開啟全面預熱行銷，在各大社交網站以官方名義每隔兩小時陸續放出22款「暱稱瓶」的懸念海報。5月29日，可口可樂在官方微博正式宣布推出「暱稱瓶」包裝，發布全新包裝的海報。一時間，可口可樂換裝的消息遍布微博、豆瓣、天涯、人人等平台；隨後，大量傳統媒體也跟進報導。緊接著，以五月天為代言的「暱稱瓶」廣告推出，並建立了「暱稱瓶」分享活動網站，網友們可以透過SNS、微博平台分享暱稱，同時在1號店和新浪微博上發起訂製「暱稱瓶」的活動。

從6月初到7月底，「暱稱瓶」可口可樂在中國的銷量較去年同期增長20%。可口可樂這一行銷活動的成功之處在於充分挖掘了新媒體時代目標閱聽人的想法和感受，觸及人們的內心，從而讓大家願意參與互動，並與朋友分享，從而在新媒體上形成具有關注度的話題。

在廣告傳播活動中，廣告主、廣告經營者、廣告發布者是廣告市場的傳播主體，分別扮演著廣告活動的發起人、策劃組織者和媒體傳播者的角色；而廣告傳播活動的指向對象則是廣告市場的客體。

在傳統媒體時期，由於廣告市場客體具有被動接受的特性，因此一般稱其為「廣告閱聽人」。雖然新媒體環境下的廣告客體不再是廣告資訊的被動接受者，而是主動參與者和積極傳播者，但為了表明廣告市場的客體作為廣告資訊接受者這一角色特徵，本書仍沿用「廣告閱聽人」這一概念。在本章中將對閱聽人的概念、變化、新媒體廣告閱聽人的特點等內容進行介紹，並以此為基礎闡述相應的廣告策略。

第一節 新媒體廣告閱聽人概述

「閱聽人（audience）」作為一個群體，早在古希臘、古羅馬時代就出現了。那些聚集在一起現場觀看表演或競技比賽的城邦觀眾，就是閱聽人的原始雛形。然而，「閱聽人」作為傳播學的一個重要概念，在 20 世紀以後才出現。在傳播學領域，對閱聽人的認識經歷了一個漫長而曲折的過程。閱聽人的概念隨著媒體技術的發展而不斷擴展，尤其是隨著新媒體環境下資訊傳播方式變革，閱聽人的內涵和外延更是發生了深刻變化，因此我們需要對這一概念進行重新界定和闡釋。

一、閱聽人概念的演變

對於「閱聽人」這個概念，傳播學者有不同的理解。郭慶光教授認為，閱聽人既包括接受大眾傳播媒體所傳遞資訊的大眾群體，也包括透過其他傳播方式和手段在小範圍資訊交流的個體。邵培仁教授認為，閱聽人是指大眾傳播媒體的資訊接受者或傳播對象，是讀者、聽眾和觀眾的集合。一般認為，廣義的閱聽人指的是一切傳播過程中的資訊接受者。狹義的閱聽人指的是大眾傳播媒體中的資訊接受者，包括傳統媒體中的讀者、聽眾、觀眾以及新媒體使用者。

（一）閱聽人與閱聽人觀發展從「被動」走向「主動」

閱聽人以印刷媒體的出現為標誌分為古代閱聽人和現代閱聽人。

古代閱聽人最早可溯源到古希臘、古羅馬時期，當時的閱聽人指戲劇、競技、音樂表演等世俗性公共事件的觀看者，通常是在一定的時間和空間下，一邊聽一邊看現場表演，同時能夠做出即時而且直接的回饋。古代閱聽人規模一般較小，行為具有更多的公共性，即多是在公共場合出現，接受資訊的方式是公開性的，而非封閉、分散、私人性的。這樣的閱聽人形態也一直延續到了今天，即音樂會、演唱會、歌劇、話劇等現場演出的觀眾，也就是說古代閱聽人的形態保留到了現在，成了現代閱聽人的一部分。

新媒體廣告
第六章 新媒體廣告的市場客體（廣告閱聽人）

現代閱聽人的產生起源於印刷媒體的出現，隨著媒體技術的變革而發展，形態不斷變化，身分也不斷變化，包括書籍報刊的讀者、電影電視的觀眾、無線廣播的聽眾以及新媒體的使用者。15世紀之後，隨著印刷媒體的出現，誕生了「閱讀公眾」這一群體，他們是有一定社會地位和閱讀技能，選擇相同文本，具有一定自主性的個體集合。有的學者認為這是最早的大眾媒體閱聽人。19世紀末，電影的發明和影院放映方式的出現標誌著第一個社會科學意義上的閱聽人概念的誕生，數以百萬計的人們一起分享相同的、經媒體傳播的情感和體驗，批量生產的拷貝傳播，取代了個性化的、活生生的現場表演和互動。1920年代，無線電廣播的發明又將閱聽人的身分拓展到廣播聽眾。1930年代，電視的出現又產生了電視觀眾，現代閱聽人的概念進一步拓寬。20世紀末，電腦和網路技術的發展催生了新媒體的誕生，現代閱聽人的範疇進一步擴大到網際網路網友和手機使用者，這些也可統稱為新媒體使用者。而新媒體也讓「閱聽人」一詞的傳統意義受到挑戰。新媒體將傳統的「點對面」的傳播方式變成了「點對點」的傳播方式，同時，新媒體技術強化了傳播的雙向性，實現了媒體與閱聽人之間的互動性傳播。閱聽人不再是資訊的被動接收者，他們可以積極參與到新媒體資訊的生產和傳播中，這就導致在傳播過程中，傳播者與閱聽人之間的界限逐漸模糊。此外，閱聽人由過去表現為「不定量」的「多數」的「群體」演變為具有自主性和個性化需求的「個體」。「閱聽人」這個詞的概念已經無法準確表達它豐富的含義了。因此，在新媒體領域，有些學者嘗試在學術表達裡使用「閱聽人」、「使用者」、「使用者」、「網友」等概念替代「閱聽人」這個詞。

在傳播學歷史上，閱聽人觀的發展經過了三個階段的變化：第一階段是將閱聽人作為社會群體成員，第二階段將閱聽人作為市場，第三階段是將閱聽人作為權利主體。這些閱聽人觀都只強調了閱聽人某個方面的特點，有一定的代表性，也有一定的侷限性。最初的閱聽人觀將閱聽人作為社會群體成員來研究，認為閱聽人是一大群呈原子結構的、沙粒般的、分散的、無防護的個人，這些人在大眾傳媒面前毫無抵抗力，只能被動地接受大眾傳媒有計劃、有組織的資訊傳播活動，此時的閱聽人是完全被動的；後來研究者們認識到，作為社會群體成員的閱聽人，具有不同的社會背景和群體背景，因此

對大眾傳媒的資訊需求、接觸和反應方式也各不相同，閱聽人開始具有一定的主動性；還有些研究者認為閱聽人是資訊產品的消費者和大眾傳媒的市場，傳媒與閱聽人的關係變成「賣方」和「買方」的關係，媒體機構為了贏得閱聽人市場，進行激烈的競爭，閱聽人的主動性得到進一步認識。然而，這種閱聽人觀是從傳媒的立場出發，沒有認識到閱聽人的權利主體地位。有的研究者們把閱聽人看作是社會成員和公眾，認為閱聽人是在大眾傳播過程中享有傳播權、知曉權和傳媒接近權等基本權利的主體。此時，閱聽人的權利主體地位才真正被人們認識到。閱聽人不再是被動接受媒體資訊的大眾，而是具有主動性，甚至具有內容生產和傳播能力的社會公眾。

（二）閱聽人內涵變化從「閱聽人」轉向「使用者」

如前文所述，在新媒體領域，傳者與受者的界限逐漸模糊，「閱聽人」一詞似乎已難以充分詮釋其所代表的全部內涵。因此有學者提出了「閱聽人」、「使用者」、「使用者」和「網友」等概念來代替「閱聽人」一詞。其中，「使用者」和「網友」兩個概念是目前學者們使用和討論較多的概念。

1. 閱聽人與使用者

在新媒體時代，閱聽人不僅僅是資訊的接受者，而且是利用資訊完成自身活動的社會個體。作為媒體資訊接受者的「閱聽人」概念在這樣的語境下已經不合時宜，因而有的學者認為，「使用者」作為技術使用者這一術語更適合用於描述這一概念。

從定義上看，「閱聽人」指的是大眾媒體的資訊接受者。「使用者」廣義上指的是某一種技術、產品、服務的使用者，狹義上指的是新媒體的使用者。從字面意義上來看，二者的本質區別在於主動和被動的區分。「閱聽人」主要強調「被動接受」，而「使用者」主要強調「主動使用」。

從傳播學角度分析，「閱聽人」和「使用者」主要有以下四個方面的區別。

第一，從資訊控制角度看，閱聽人是模糊的，使用者是具體的。閱聽人通常是呈原子結構的、沙粒般的、分散的、由個人組成的社會群體，在傳播

201

鏈條中處於被主導地位，媒體傳播什麼，閱聽人就接受什麼。由於其模糊性，媒體只能做大眾傳播，針對一類人或一群人傳播資訊。而使用者是具體的、清晰的、細分的，每一台連接網際網路的電腦都有獨立的 IP 地址，每一個能上網的手機使用者都有具體的個人資料存在運營商的使用者檔案裡。因此「使用者」對應的是「精準傳播」。

第二，從行為態度角度看，閱聽人是被動的，使用者是主動的。在傳播過程中，閱聽人通常是客體，被動地接受大眾傳播的資訊。而使用者既可以是主體也可以是客體，在傳播鏈條中處於主導地位，使用者與產品或服務的提供者是有協議的，產品或服務的提供者要為使用者著想，為使用者服務，為使用者解決問題。使用者需要什麼，就提供什麼。

第三，從傳播效果角度看，閱聽人僅僅產生接受行為，而使用者可以產生消費行為。在傳統媒體的傳播過程中，閱聽人處在單向資訊流的下游，往往資訊只是簡單地從傳者經由傳統媒體這一介質到達閱聽人，就完成了一次資訊的傳播。閱聽人在接受資訊之後停留在「認知」或「態度」階段，不具備立即產生某些行動的條件。而「使用者」因為新媒體的交互性和便捷性，能迅速參與到其中，做出反應，表明態度，採取行動。例如手機淘寶使用者接收到廣告資訊的時候，可以迅速產生購買行為；大眾點評使用者在搜尋到飲食等生活資訊的時候，也可以迅速產生消費行為。

第四，從地位角度看，閱聽人處於劣勢地位，使用者處於平等地位。「閱聽人」的模糊性，決定了其在傳播鏈條中處於被主導地位，媒體傳播什麼，閱聽人就接受什麼。而「使用者」在傳播過程中既可以是接受者，也可以是傳播者，因此與媒體處於完全平等的地位，這是對過去傳統媒體格局下「傳者」和「閱聽人」關係的徹底顛覆。

新媒體時代，閱聽人變得更主動，更富選擇性、個人化、自主性和多元化，兼為媒體內容生產者和消費者，因此傳統閱聽人理論面臨挑戰，引入「使用者」這一概念在一定程度上可以推動閱聽人理論向前發展。

2. 閱聽人與網友

「網友」的提出也是因為有學者認為傳統的大眾傳播理論和閱聽人研究理論並不適合描述新媒體，從而提出「網友」一詞來替代「閱聽人」的概念。「網友」的概念首先是由北京師範大學的學者何威提出的。他認為，「人們透過積極的媒體使用行為，以跨越各種媒體形態的資訊傳播技術為仲介相互聯結，構成了融合資訊網路與社會網路的新型網路，成為『網路化使用者』，網路化使用者的集合即『網友』」。

使用「使用者」一詞取代「閱聽人」是立足於個體性，而使用「網友」一詞取代「閱聽人」是立足於群體性。「網友」與「閱聽人」的區別表現在以下方面。

(1) 從個體差異性來看，網友是多元化、個性化的，而閱聽人是同質化的，差異小。

(2) 從個體間的聯繫看，網友之間的聯繫鬆散而廣泛，有大量弱聯結，閱聽人是原子化的，如沙粒般彼此缺乏聯結。

(3) 從個體身分資訊看，網友趨於真實固定的身分，有選擇地公開隱私，而閱聽人是匿名的，高度隱私的。

(4) 從個體間權利關係上看，網友在技術上是平等的，在結構上不平等；而閱聽人之間沒有權利互動關係，資訊傳受雙方權利不平等，閱聽人處於被動地位。

(5) 從資訊關係上看，網友是資訊生產者、發布者、傳遞者和接受者，是網路的中繼站；而閱聽人是資訊接受者，是大眾傳播網路的終端。

網友的概念與閱聽人有重合的部分，也描述了閱聽人這一概念無法涵蓋的部分。網友並不是經典傳播理論所想像的「大眾社會」或「小型社群」中的任何一種媒體閱聽人類型，因而可能成為新理論生長的基礎。

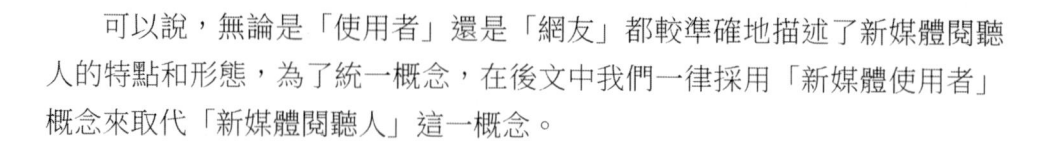

可以說，無論是「使用者」還是「網友」都較準確地描述了新媒體閱聽人的特點和形態，為了統一概念，在後文中我們一律採用「新媒體使用者」概念來取代「新媒體閱聽人」這一概念。

二、廣告閱聽人的概念界定

廣告閱聽人是按資訊內容的不同由「閱聽人」劃分而來的次級概念。廣告閱聽人具有傳播學範疇中閱聽人的一般屬性，同時也有它的特點。較之於大眾傳播意義上的閱聽人，廣告閱聽人有兩個特殊之處。第一，廣告閱聽人這一概念的涵蓋面更廣。廣告閱聽人不僅包括大眾傳媒的廣告資訊接受者，還包括路牌、信函、傳單、樓宇影片等小眾媒體的廣告資訊接受者。第二，相對於其他傳播類型的閱聽人，廣告閱聽人有其特定的角色特點。例如新聞資訊閱聽人往往扮演社會的關注者這一角色，而廣告閱聽人的角色主要是商品或服務的消費者，有其特定的消費需求、消費心理和消費行為。

具體來說，可以從兩個層次來理解廣告閱聽人的概念：第一個層次為廣告媒體閱聽人，即透過某一種或者某幾種媒體接觸到廣告資訊的閱聽人；第二個層次為廣告目標閱聽人，即廣告傳播所預設的目標群體，也就是廣告的訴求對象。此外，由於廣告閱聽人的角色特點，其與消費者的概念也頗為密切。以下對這幾個相關概念進行梳理。

（一）廣告媒體閱聽人

廣告是一種非人際的資訊傳播活動，需要透過一定的媒體進行傳播，包括各種大眾媒體和小眾媒體。在廣告傳播發生之後，透過這些媒體實際接觸到廣告資訊的人群就是廣告媒體閱聽人。按照媒體種類來分，廣告媒體閱聽人可以分為報紙廣告閱聽人、廣播廣告閱聽人、電視廣告閱聽人、新媒體廣告閱聽人等。對媒體進行劃分的意義在於，可以根據不同媒體的傳播特點、閱聽人的媒體接觸行為和媒體接觸習慣，來制定有效的廣告策略並進行廣告投放。本章討論的內容就是按照媒體形式進行劃分的廣告閱聽人類型，即新媒體廣告閱聽人。

（二）廣告目標閱聽人

所謂廣告目標閱聽人，是廣告主在廣告傳播活動發生之前，根據廣告活動的目標要求，預設的廣告訴求對象。廣告目標閱聽人一般是針對特定的廣告活動而言的概念。

廣告的目標閱聽人主要包括三種類型。

（1）普通消費者。他們是為了滿足個人需求和慾望而購買產品或服務的人群，既可能以家庭為單位，也可能以個人為單位，是廣告活動的主要傳播對象。

（2）組織中的決策者。他們通常由企業、社會團體、政府機關等組織使用者構成一個產業或組織市場，廣告主要針對其中的決策者。

（3）商品經銷中的採購員。他們是流通行業負責採購的決策人員。

對廣告目標閱聽人進行準確定位，有助於目的性地制定廣告策略。

（三）廣告媒體閱聽人和廣告目標閱聽人的關係

廣告媒體閱聽人和廣告目標閱聽人是屬於兩個不同層面上的概念。並不是所有的廣告媒體閱聽人都會受到廣告資訊的影響而產生消費行為，也並不是所有的廣告目標閱聽人都能透過媒體接觸到廣告資訊。有些廣告媒體閱聽人雖然接收到廣告資訊，但並未受到任何影響。只有部分廣告媒體閱聽人接收到廣告資訊之後會產生直接購買行為，或影響他人購買的行為。這一部分人就是廣告的有效閱聽人，這部分人通常也屬於廣告傳播方預設的廣告目標閱聽人。所以廣告媒體閱聽人與廣告目標閱聽人的重合部分，就是廣告的有效閱聽人。

從兩個概念的定位來看，廣告媒體閱聽人更為宏觀。瞭解廣告媒體閱聽人的特徵，有利於我們把握整體廣告行業和廣告策略的發展趨勢；而廣告目標閱聽人則較微觀，常針對特定的廣告活動，對廣告目標閱聽人的準確細分和研究有助於廣告活動效果的提升。

由於本書主要側重對整體新媒體廣告市場運作規律的認識，因此本章後面提到的廣告閱聽人主要指的是廣告媒體閱聽人。

(四) 廣告閱聽人與消費者

消費者是指購買、使用各種產品與服務的個人或組織。消費者可分為「實際消費者」和「目標消費者」。「實際消費者」指的是消費某些特定產品或服務的消費者。「目標消費者」是企業透過市場細分設定的服務對象。

如前文所述，商品或服務的消費者是廣告閱聽人角色的重要表現，雖然廣告閱聽人與消費者並不完全重合，但廣告目標閱聽人與目標消費者作為廣告活動預設和企業行銷預設，卻是從傳播和行銷兩個不同角度對同一對象的表述。因此，對目標消費者的研究具有重要意義，尤其是對存在共性特徵的消費需求、消費心理和消費行為進行歸類和分析，對廣告傳播活動具有重要的指導意義，能幫助決策者有針對性地制定廣告策略，以盡可能少的成本獲取最大的廣告效果。

綜上所述，廣告媒體閱聽人、廣告目標閱聽人、目標消費者這三個概念對於廣告傳播來說均具有重要意義。要想取得理想的廣告傳播效果，首先要正確地從整體消費市場中找到企業產品或服務的目標消費者，從而確定廣告目標閱聽人，同時透過媒體的組合搭配，力爭廣告媒體閱聽人與廣告目標閱聽人盡可能重合。

三、新媒體廣告閱聽人

新媒體廣告閱聽人，簡而言之，就是新媒體廣告資訊的接受者。新媒體廣告閱聽人是根據媒體類型對廣告閱聽人的分類。本書認為狹義上的新媒體主要是指網路媒體、手機媒體以及具有新媒體特徵雛形的互動性電視媒體。因此，本章所討論的新媒體廣告閱聽人是指透過網路媒體、手機媒體和互動性電視媒體接受廣告資訊的人群。

新媒體廣告閱聽人同樣包含媒體閱聽人和目標閱聽人兩重含義。從廣義上說，所有的新媒體使用者都是新媒體廣告的潛在媒體閱聽人，因此對新媒體廣告閱聽人的分析，實質上是對新媒體使用者的深度認識。

第二節 新媒體廣告閱聽人的特點

新媒體廣告閱聽人作為新媒體這一新型媒體的使用者，與傳統媒體閱聽人相比具有諸多不同的特點，以下分別從總體特徵、結構特點、行為特點三個方面進行介紹。

一、總體特徵

新媒體廣告閱聽人的總體特徵是指其相對於傳統的報紙廣告閱聽人、廣播廣告閱聽人、電視廣告閱聽人而言所表現出來的群體性差異和獨有的特點。在這裡實質上指的是新媒體使用者在存在形態和行為模式上表現出的共性特點。具體表現為如下幾個方面：

（一）個體性

個體性主要是指新媒體廣告閱聽人具有個性化特點和需求。在傳統媒體中，廣告資訊的傳播方式通常是「點對面」的。廣告閱聽人被視為一個群體，具有一定的群體性特徵，廣告閱聽人透過同一種媒體接觸同樣的資訊。廣告傳播者正是站在這一角度上來制定相應的廣告策略。但由於通常廣告媒體閱聽人和廣告目標閱聽人並不完全重合，並不是所有人都會受到這些廣告資訊的影響，因此廣告主投放在傳統媒體中的大量預算被浪費在無效的人群之中。

新媒體環境中，傳統的「點對面」傳播方式變成了「點對點」的傳播方式，每個新媒體使用者都具有鮮明的個性化特徵和個性化需求，並可以依託新媒體這種新型媒體形態來獲取多樣化的需求，如透過搜尋引擎搜尋自己感興趣的資訊，透過郵件訂閱資訊，選擇微博關注對象，拒絕不感興趣的資訊等，新媒體技術讓人們的個性化得到充分彰顯。從廣告傳播的角度來看，新媒體技術使廣告傳播從大眾化變得小眾化甚至個人化，廣告主可以按照閱聽人個體特點和需求量身訂製個性化資訊。

(二) 聚合性

　　新媒體技術凸顯了廣告閱聽人的個體性，促進了市場的細分，讓廣告閱聽人越來越分散，呈「碎片化」態勢，然而這種「碎片化」並不是絕對的。隨著網際網路的廣泛運用，新媒體廣告閱聽人在網上的互動集群性增強，分散的、碎片化的閱聽人又按一定的特點或標準聚合起來。新媒體廣告閱聽人透過新媒體網路的聯結，依據不同的特點或共性重新聚合成不同的群體，這一特性就是新媒體廣告閱聽人的聚合性。

　　新媒體廣告閱聽人的聚合性首先表現在，個體由於某些共性聚合成群體。現代科技的迅速發展，縮小了地球上的時空距離，讓「地球村」成為可能。網際網路打破了空間隔閡，讓不同地域的人都能夠在網際網路上重新聚集起來，形成各種各樣的不同類型的群體。在網際網路上，人們因為相似的生活方式或共同的興趣愛好而聚合在一起，形成不同的網路虛擬社群。網路虛擬社群是由具有共同興趣或需要的人們組成的，他們分布於各地，透過網際網路聚集在一起，討論共同的興趣愛好，分享某種程度的知識和資訊，從而形成具有文化認同感的共同體。網路虛擬社群的形式多種多樣，包括社交網站、部落格、微博、微信等。

　　聚合性其次還表現在個體力量聚合成社會力量，對整個新媒體環境造成一定的影響。郭慶光教授在《傳播學教程》一書中指出，作為權利主體的閱聽人擁有傳媒接近權，即一般社會成員利用傳播媒體闡述主張、發表言論以及開展各種社會和文化活動的權利，同時，這項權利也賦予了傳媒應該向閱聽人開放的義務和責任。但是在傳統媒體環境中，閱聽人的這項權利很難實現。而新媒體技術讓這種權利的實現成為可能。新媒體環境下，每個人都可以在網上自由地發言，表達自己的意見和看法。人們既是閱聽人又是傳者。特別是微博的出現，開闢了主流媒體之外的另一個輿論陣地。新媒體技術賦予了個體更多的話語權和更大的潛在能量，眾多的個體能量匯聚在一起就會形成強大的社會能量，造成巨大影響。這種能量的聚合效應，對廣告傳播活動是一個很大的機遇。在廣告傳播中如果能利用閱聽人的聚合效應，會造成事半功倍的效果。「社會化行銷」正是利用了新媒體廣告閱聽人的聚合性，

由於閱聽人在各種社會化媒體上的聚合而形成了各種關係鏈，社會化行銷在關係鏈中的某一個點注入資訊，然後透過關係網廣泛而快速地傳播出去，從而取得良好的傳播效果。

（三）自主性

「自主性」指的是新媒體廣告閱聽人對廣告資訊的接收有了更多的決定權和選擇權。網路技術使得閱聽人根據自己的需要「拉出」資訊成為可能，也就是說，閱聽人可以更加自由地選擇自己喜歡的網站、資訊或服務。同樣，新媒體廣告閱聽人可以自由地尋找自己需要的廣告資訊，可以藉助軟體封鎖自己不需要或反感的廣告資訊，甚至可以透過付費成為網站的會員而免於接收廣告資訊。

在傳統媒體環境下，廣告閱聽人對廣告資訊的接觸往往要受到媒體的限制，廣告閱聽人何時何地得到何種資訊完全由媒體決定，閱聽人最多只能選擇看或者不看。此外，閱聽人對資訊的接觸還要受到時間和空間的限制，人們只能按照電視台、電台的時間表來安排自己的行動，只能在某個固定的空間裡來看電視。對電視台、電台播放的廣告資訊，閱聽人很多情況下都是被迫接受的，閱聽人不能決定電視裡播放的是什麼，最多只能選擇換台，但換台又有可能會錯過自己喜歡的節目。而在新媒體環境下，這種情況被顛覆了，新媒體廣告閱聽人有了更多的自主選擇權。特別是智慧型手機、平板電腦等行動終端的出現，讓閱聽人可以擺脫時間空間的限制，隨時隨地接觸媒體資訊。

新媒體廣告閱聽人的自主性給廣告傳播方帶來一定的挑戰，這就意味著廣告傳播方不能再依賴自己在傳播過程中的強勢地位，來進行粗暴的廣告傳播，而是要不斷地研究廣告閱聽人的心理需求、接觸行為、消費行為等，注重廣告創意和內容，在傳播手段和方式等方面也要做出相應變革，儘量與閱聽人心理契合。

（四）參與性

與傳統媒體閱聽人不同，新媒體閱聽人具有強烈的參與精神，這是由新媒體的互動性的本質決定的。因而新媒體廣告閱聽人在廣告資訊的傳播活動中具有主動的參與性。

在傳統媒體的廣告資訊的傳播過程中，閱聽人只是被動接受廣告資訊，很難與廣告形成互動。而在新媒體環境下，閱聽人可以和廣告自身形成雙向的互動交流，甚至可以參與到廣告傳播活動中。新媒體廣告閱聽人的參與性主要表現在三個方面。

1. 擴散性參與

新媒體廣告閱聽人通常會透過微信、微博、論壇、社交網站等轉發或分享自己認為有意思或者有用的廣告資訊。「病毒行銷」就是透過利用新媒體廣告閱聽人的積極性和人際網路，讓廣告資訊像病毒一樣傳播和擴散，快速傳向數以萬計甚至百萬計的閱聽人。

2. 互動性參與

新媒體廣告閱聽人可以直接點擊進入他們感興趣的產品或服務的企業品牌網站，進行資訊瞭解、在線交流、意見回饋或產品體驗等互動活動。他們可以點擊網頁廣告連結，可以利用搜尋引擎尋找自己需要的廣告資訊，可以主動訂閱電子郵件廣告、手機簡訊廣告等。

3. 提升性參與

有的時候，即使新媒體廣告閱聽人不直接傳播、擴散廣告資訊，他們對某一廣告的關注、討論、模仿甚至是惡搞等行為，也會在很大程度上提升該廣告的關注度和影響力。例如 2010 年 8 月「凡客體」在網上的風靡，就是網友模仿凡客誠品的廣告形式在網上掀起一股惡搞狂潮。在此過程中，凡客誠品的品牌知名度和影響力也得到極大提升。

二、結構特點

正如前面所言，從廣義上說，所有的新媒體使用者都是新媒體廣告的潛在閱聽人，因此，瞭解新媒體使用者的結構特點，可以從宏觀上認識新媒體廣告潛在閱聽人的情況。

目前，從全球範圍來看，新媒體使用的普及率已經比較高，在美國、日本等發達國家，新媒體的普及率已經趕上了四大傳統媒體，也就是說幾乎全民都是新媒體使用者。雖然近幾年新媒體普及率迅速提高，但是，由於年齡差異、城鄉差異、文化層次差異等因素的影響，新媒體使用者的結構仍有自身的特點，不同人群的媒體使用習慣也存在群體化差異。

以下主要從總體網友規模、城鄉結構、性別結構、年齡結構、學歷結構、收入結構等幾方面介紹中國新媒體使用者的基本情況。

（一）總體網友規模

截至 2014 年 12 月，中國網友規模達 6.49 億，網際網路普及率為 47.9%。中國手機網友規模達 5.57 億，使用手機上網的人群占總體網友比例為 85.8%。這些數據顯示了兩個趨勢，一是中國網際網路網友規模持續不斷擴大，二是網際網路的使用逐漸行動化。由此可見新媒體廣告閱聽人的規模還會持續擴大，其中使用行動網際網路的閱聽人也會越來越多，新媒體廣告市場還會有長足發展，而行動網際網路廣告市場將會成為新的增長點。

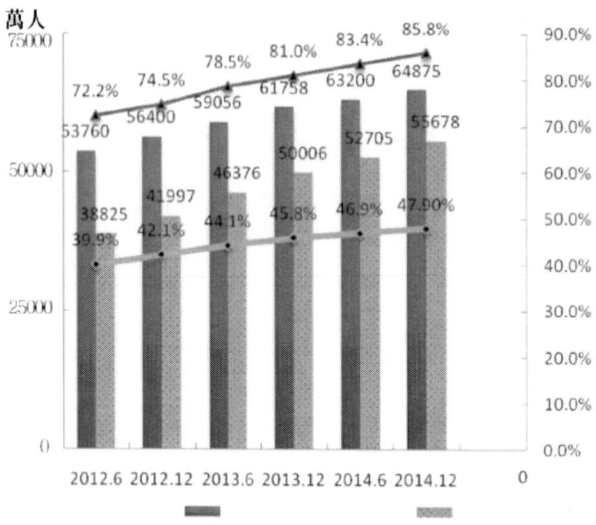

圖6-1　中國網民規模和手機網民規模

（二）城鄉結構

從 2012 年 6 月至 2014 年 12 月，整體上看，中國網友中城鎮網友與農村網友比例變化不大，城鎮網友占了網友總數的七成以上，是網友的主體構成人群。

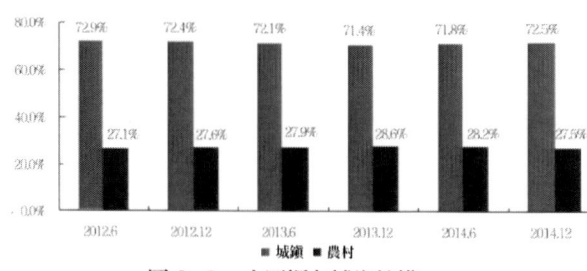

圖6-2　中國網友城鄉結構

（三）性別結構

從 2012 年 6 月到 2014 年 12 月，中國網友男女比例基本穩定，與總人口中的男女比例也基本相符。男性網友略多於女性網友，總體上看，中國網友在性別結構方面比較均衡。

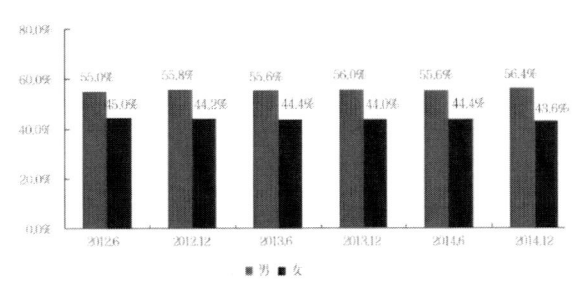

圖 6-3　中國網友性別結構

（四）年齡結構

從 2012 年 12 月至 2014 年 12 月中國各年齡階段網友的分布來看，中國 10~49 歲的網友占了大部分比例，根據圖 6-4 的數據顯示，2012 到 2014 年，這一年齡段的網友比例分別為 92.1%、91.3%、90.4%。而年齡兩端，10 歲以下和 60 歲以下的網友比例最少。此外，有一個值得關注的變化趨勢是，50 歲以上的網友比例呈逐年上漲的態勢，這說明老年網友的數量在逐年增多。

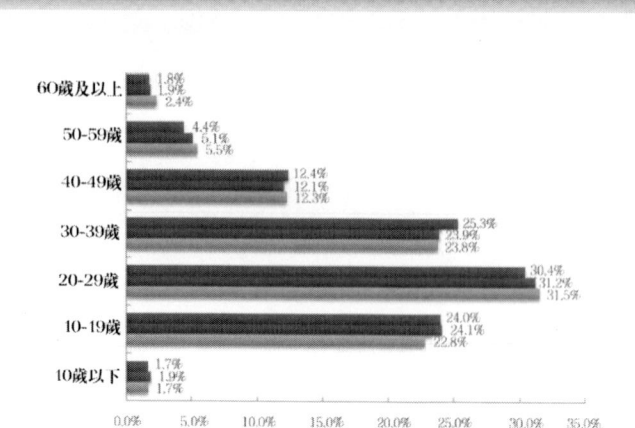

图 6-4 中國網友年齡結構

（五）學歷結構

根據圖 6-5 中數據，從 2012 年 12 月到 2014 年 12 月，中國網友初中及以下學歷人群占比分別為 46.5%、48.4% 和 47.9%，呈上升趨勢；高中及以上學歷人群占比分別為 53.5%、52.1% 和 52.1%，呈下降趨勢。網際網路網友逐漸向低學歷人群擴散，由此可見，新媒體廣告閱聽人越來越大眾化。

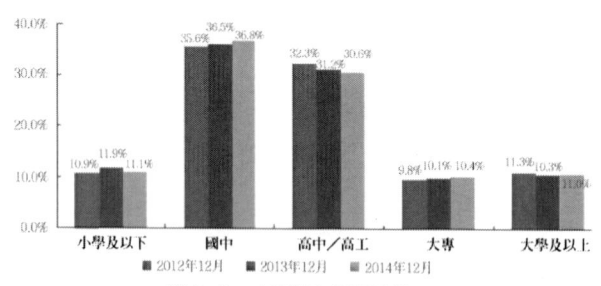

圖 6-5 中國網友學歷結構

（六）收入結構

從 2012 年 12 月到 2014 年 12 月的數據顯示，整體網友中月收入在 1500 元以上的人群占比呈上升趨勢，月收入 1500 元以下的人群占比呈下降趨勢，這與中國居民收入的增長趨勢相符。此外，2001~5000 元收入區間的網友占比較多，即中國網友中等收入的占主體。

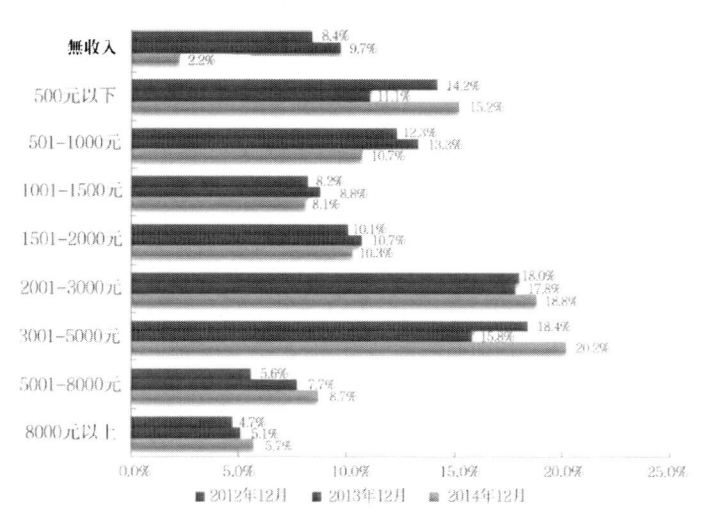

圖 6-6　中國網友個人月收入結構

根據以上數據，我們可以得出以下結論：

新媒體廣告閱聽人結構更加均衡。從城鄉、性別、年齡、學歷、收入結構來看，網際網路使用者已呈現全民化的發展態勢，網友群體已經沒有網際網路剛興起時的精英化特點，而是趨於多元化、大眾化，分布更加廣泛。

新媒體廣告閱聽人規模將繼續擴大。中國的網際網路普及率與發達國家超過 70% 的普及率相比，還是有一定差距的，這也說明中國網際網路還有較大的市場上升空間。

新媒體廣告閱聽人逐漸向行動網際網路轉移。近幾年來，中國手機網友在總體網友中占比一直呈上升趨勢，並於 2014 年 6 月首次超越傳統 PC 端網友規模。由於通訊技術和行動設備的不斷發展，行動網際網路將會越來越受到新媒體廣告閱聽人的青睞。

三、行為特點

瞭解新媒體廣告閱聽人的行為特點，對廣告傳播方具有重要意義。只有熟悉新媒體廣告閱聽人的媒體習慣和態度偏好，才能在廣告投放活動中有的放矢，迎合閱聽人，優化廣告傳播效果。

（一）新媒體廣告閱聽人的媒體習慣

如圖 6-7 顯示，2013 年中國網友接觸時間最長的媒體仍然是網際網路，比例為 83.5%，遠超過接觸其他媒體的時間。與 2009 年數據相比，中國網友接觸傳統媒體的時間均有所下降。對新媒體廣告閱聽人來說，網際網路在生活中占據了重要的一部分。

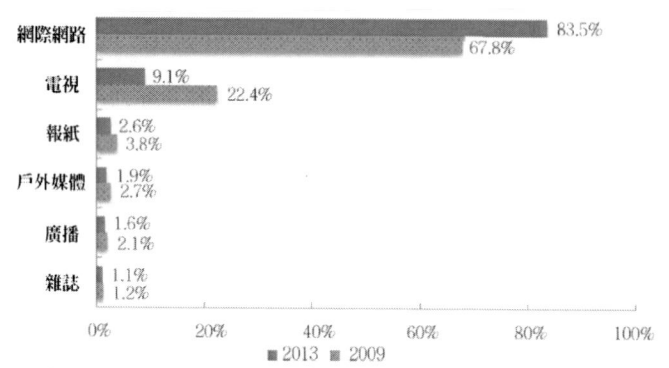

圖 6-7　2000年與2013年中國網友接觸時間最長的媒體分布

如圖 6-8，艾瑞諮詢集團數據顯示，2013 超六成網友關注最多的網站是「購物類網站」「搜尋引擎」與「綜合入口網站」，占比分別為 76.4%、68.8% 與 68.8%。而「影片網站」、「社區、部落格」及「微博」的關注度也接近或超過六成。2013 年中國網友點擊廣告最多的網站為「購物類網站」、「綜合入口網站」、「搜尋引擎」和「影片網站」，占比分別為 57.3%、42.1%、41.7% 與 41.3%。

第二節 新媒體廣告閱聽人的特點

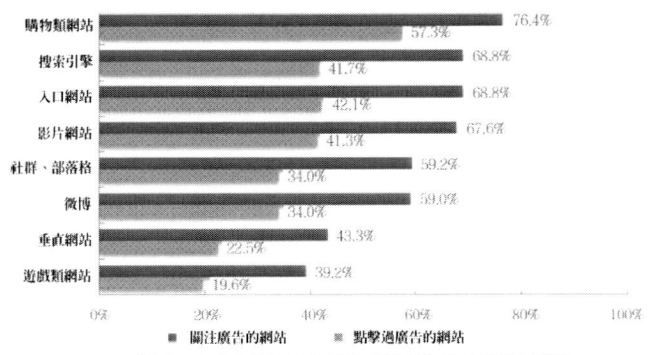

圖6-8 2013年中國網友關注與點擊網站情況

(二) 新媒體廣告閱聽人的態度偏好

新媒體廣告閱聽人對廣告的態度偏好，對廣告傳播活動有重要影響。廣告傳播者只有瞭解了閱聽人的喜好，才能夠投其所好，從而讓廣告資訊得到更廣泛更深入的傳播。根據艾瑞諮詢對網路使用者行為的調研結果，網友最喜歡有創意的廣告內容，最反感強迫性廣告，對廣告傳達的優惠資訊最感興趣。

中國網友對網路廣告的總體態度是「一般」，持這一態度的網友占比為60.4%。對廣告的態度為「可以接受」的網友占比19.9%，而對廣告「比較反感」的網友占比為19.7%，從這些數據看，中國網友對廣告的總體態度比較理性。

對於最吸引中國網友的廣告展現因素中，「廣告內容及創意」因素排在首位，占比64.1%，是最重要的因素。排在第二位的是「廣告展現形式」因素，占比32.6%，其他影響因素還有廣告投放時機、廣告位置、廣告出現頻率和廣告尺寸，但這些因素對網友的影響比較小。網友最關注的還是「廣告內容及創意」，因而廣告傳播方在生產製作廣告的時候，首先應該重視廣告創意，在好的內容和創意的前提下再做其他方面的優化。

在吸引網友關注和點擊方面，「廣告傳達的優惠資訊」是最能引起網友關注的，這一因素占比為35.1%。其他因素例如「廣告文案好」占比

34.9%，「和使用者的相關性強」占比 33.7%，「廣告視聽效果好」占比 33.6%，這些也都是較為重要的關注因素。

在中國網友對網路廣告反感的原因方面，「廣告自動彈出影響使用者經驗」這一因素排在第一位，占比 44.9%，「有些廣告強制關不掉」排在第二位，占比 41.8%，排在第三位的是「廣告阻礙瀏覽內容的連續性」，占比 41.1%。總之，網友對強迫性廣告最反感。因此廣告傳播方在傳播廣告的過程中一定要充分考慮閱聽人的感受，尊重閱聽人的自主性。

第三節 新媒體廣告閱聽人的消費行為

任何商業性廣告活動，其最終目的是為了促使閱聽人產生消費行為，因此，消費者的行為洞察是廣告人員制定廣告策略和創意策略的根本落腳點。隨著新媒體的普及，尤其是電子商務的廣泛運用，人們的消費模式和消費行為受到了巨大影響，伴隨著數位技術成長起來的「數位原住民」，其消費理念更是發生了翻天覆地的變化。只有深入瞭解新媒體環境下消費者的群體特徵、決策過程、消費模式以及影響他們消費行為的因素等，才能有目標地制定符合消費者需求的廣告策略。

一、消費者的類型劃分

消費者是一個龐大的異質群體，這個群體中的個體在年齡、性格、學歷、職業、收入、購買習慣、媒體接觸等方面都有顯著差異，因此沒有哪種產品或服務能滿足所有消費者的需求。企業的產品或服務通常都有特別針對的市場，明確應為哪些消費者服務，滿足哪些消費者的需求，這些消費者就是企業產品或服務的目標消費者。界定目標消費者則要對消費者進行類型劃分。

傳統意義上一般可根據四類變量進行消費者類型劃分：地理變量、人口統計變量、心理變量以及行為變量。為了更加全面準確地描述消費者特徵，這些變量通常是組合使用來對消費者進行類型劃分，而不是單一採用某一變量。新媒體環境下的消費者同樣可以此作為基本的劃分依據。

（一）根據地理變量進行消費者劃分

地理變量指的是消費者所處的地理位置和自然環境，包括國家、地區、城市規模、氣候、人口密度、地形地貌等因素。處在相同地理環境下的消費者對於同一類產品往往有相同的需求和偏好，而處在不同地理環境下的消費者往往有不同的需求和偏好。例如不同地域的人們在飲食上有不同的偏好，不同氣候下的人們在衣著上也有不同的需求。目前，雖然網路技術拉近了身處不同地域的消費者之間的距離，人們透過網路購物可以隨時買到來自世界各地的物品，但是消費者實際所生活的環境仍然會對消費行為產生重要影響。

（二）根據人口統計變量進行消費者劃分

人口統計變量包括年齡、婚姻、職業、性別、收入、文化程度、家庭生命週期、國籍、民族、宗教、社會階層等因素。人口統計變量是消費者類型劃分中的一個重要因素。例如不同年齡的人們有不同的消費需求，不同收入的人們有不同的消費能力，不同社會階層的人們也有不同的消費偏好等。

（三）根據心理變量進行消費者劃分

心理變量主要包括消費者的社會階層、生活方式、個性特點、消費觀念等因素。例如處於同一社會階層的人們具有類似的價值觀、興趣愛好和行為方式，不同階層的人們在這些方面則有較大差異。心理變量是企業進行消費者劃分時更加深入的標準。

（四）根據行為變量進行消費者劃分

行為變量指的是消費者對產品或服務的瞭解程度、態度、使用情況等因素。主要包括：

（1）使用場合，例如消費者使用產品是在一般場合還是在特殊場合。

（2）追求利益，即消費者購買某種產品是為了追求質量、服務或經濟實惠。

(3) 使用者狀況，即某種產品的消費者可分為未使用者、以前使用者、潛在使用者、初次使用者、經常使用者。

(4) 使用率，指消費者對某種產品的使用頻率是輕度使用、中度使用或重度使用。

(5) 忠誠程度，包括無忠誠度、中等忠誠度、強烈忠誠度和絕對忠誠度。

(6) 準備階段，指消費者在購買行為達成之前對產品的瞭解情況，包括不注意、注意、知道、感興趣、想買、打算購買。

(7) 對產品的態度，指消費者對產品是熱心、肯定、漠不關心或者是否定敵視的態度。行為變量是與消費者行為本質更為相關的劃分標準，對企業制定廣告策略和行銷策略具有重要影響。

在新媒體時代，資訊的大量性和易得性使人們可以不受限制、不加過濾地接觸到各種各樣的資訊，獲得更多的市場資訊。消費者市場也不再是穩定的、單一的，而是動態的、複雜的。對消費者進行類型劃分除了依據上述變量之外，還要充分考慮到新媒體時代消費者的異質性。

二、新媒體環境下廣告閱聽人的消費行為特點

網際網路和行動網際網路的廣泛應用，給人們的生活帶來了諸多便利，人們的消費行為逐漸趨向於網路化和行動化，線上和線下消費行為都發生了深刻變化。網路購物已不是年輕人的專利，而是滲透到了各個年齡層，成為大眾化的消費方式；從購買的物品種類看，從過去最基礎的衣包鞋帽，發展到了幾乎與傳統消費渠道完全重合的方方面面，小到一粒鈕扣，大到車和房。此外，從線下消費行為來看，新媒體平台中的商品資訊、顧客評價、優惠折扣等均對閱聽人線下消費產生巨大影響。具體來說，新媒體環境下廣告閱聽人的消費行為呈現如下幾個特點：

（一）消費行為網路化

網際網路技術推動著網路與線下社會的不斷融合，從社會資訊化、網路社會化再到社會網路化，這種變革是全方位的。從資訊獲取、社交活動到購

物交易等，所有的社會活動以資訊活動的方式呈現在網路中，並最終改變已有的社會活動範式。因而，新媒體時代的消費行為也越來越網路化，幾乎所有的事情都可以透過網際網路路完成，包括網上購物、團購餐廳、訂機票、訂酒店、打車、繳水電費、繳話費、辦理銀行業務等。消費行為產生之前的資訊蒐集也是透過網路完成的，消費者透過搜尋引擎網站進行資訊檢索，能夠得到更多、更全面、更個性化的資訊。由於網際網路路的發展，消費行為產生之後的回饋、評價、分享行為也更加方便和流行。新媒體時代，消費者的重要特徵就是喜歡分享各種各樣的資訊，既喜歡跟他人分享自己的喜好，也願意分享他人的心得。這些都是消費行為網路化的表現。

（二）消費產品個性化

現代社會，供需瓶頸逐漸消失，人們生活的基本需求能快速並且輕易得到滿足，在基本需求得到滿足之後，人們開始追求更高層次的需求。於是消費者開始關注一些新穎、具有獨創性和特色的產品及服務。消費者的需求越來越個性化，他們不滿足於使用千篇一律的產品和服務，而是想要屬於自己的、獨一無二的產品和服務。相對於大規模標準化生產的產品，私人訂製的產品將會更加受消費者歡迎。

（三）決策模式兩極化

與傳統消費者相比，新媒體環境下的消費者決策模式呈現兩極化趨勢，一方面是感性的衝動消費，另一方面是極為理性的多方權衡。從感性消費來看，由於新媒體環境下商品表現形式極為豐富和生動，加上網上支付，尤其是近年來手機支付的便利性，使得消費者往往在對商品產生良好的第一印象後，隨手點擊一個按鈕就迅速完成消費行為；反之，對於某些較為理性的消費者而言，或對於大宗物品的消費，其購買決策則變得極端理性，消費者可能在產品性能、價格、使用者評價、售後服務等方面進行反覆比較和權衡，最後做出他們所認為的最優選擇。

(四）消費角色的雙重化

1970 年代，美國未來學家阿爾文‧托夫勒在《未來的衝擊》一書中就提出「產銷者」（prosumption）這一概念，預見到消費者很快會面對前所未有的大量非標準化商品和服務。新媒體廣告閱聽人的參與性表現在消費行為上即參與到產品的製作、傳播與銷售過程中。消費者正由被動的接受者轉變為主動參與的生產者，生產者和消費者之間的傳統界限已逐漸模糊。這一點目前在新媒體領域表現為 UGC（使用者生產內容），如使用者上傳影片到 You Tube 網站上，以及網友協同締造了維基百科網站。在這些行為中，消費者具有雙重角色──資訊的消費者和生產者。而在未來，消費者會更加注重「體驗」，因而會更多地參與到產品的體驗、製作、傳播過程中，消費者雙重化的角色將會更加突出。

新媒體廣告閱聽人作為消費者，他們消費需求複雜，消費行為多樣化；他們掌握著資訊技術，懂行銷；他們有自己的觀點並樂於表達，追求個性化；他們的消費不僅追求結果而且享受過程。對於這樣的消費者，傳統的行銷策略及廣告策略很難取悅他們，而需要探索新的策略和方法。

三、新媒體環境下消費者的行為模式

消費者從產生需求到達成一個購買行為，其中必然經歷一系列的過程，尋找到這一過程的共性特徵，並進行模式化表達，就形成了消費者行為模式。消費者的行為模式並非一成不變，而是隨著環境的變化不斷進行調整。1898 年，美國心理學家 E·S·劉易斯曾提出了一個影響深遠的消費者行為模型──AIDMA 理論，該理論認為消費者從接觸到資訊到最後達成購買會經歷五個階段，即注意、興趣、慾望、記憶、行動。AIDMA 理論準確地描述了傳統媒體環境下消費者產生購買行為的心理歷程，這一理論模型在很長時間內一直影響著企業行銷策略及廣告策略的制定。

然而，在新媒體環境下，由於消費者的自主性和選擇權極大強化，其行為模式也發生了顛覆性的變化，AIDMA 模型已經無法解釋新時期消費者的

行為歷程。在這種背景下，一些新的消費者行為模型理論應運而生，其中較有影響力的是 AISAS 行為模型和 SICAS 行為模型。

（一）AISAS 行為模型

AISAS 行為模型是日本電通廣告集團於 2005 年針對新媒體時代消費者生活形態變化而提出的一種全新的消費者行為分析模型，用以解釋消費者從商品認知，到達成購買行為的幾個關鍵階段，即 Attention（注意）—Interest（興趣）—Search（搜尋）—Action（行動）—Share（分享）五個階段。AISAS 行為模型是對傳統 AIDMA 模型的修正，突出了其對於新媒體環境的適應性。該模型凸顯出了新媒體環境下消費者行為的兩個重大變化：

一是主動搜尋資訊。新媒體環境下的消費者不再是被動地接受大眾媒體的資訊，而是依靠新媒體技術的便捷性，結合自己的需要主動搜尋資訊，從而幫助自己更快地做出購買決策，實施購買行為。

二是積極分享資訊。在新媒體環境下，消費者購買行為的達成並不意味著消費行為的終結。新媒體技術的應用使得資訊分享更為便捷，人們具有更強的參與精神和分享意識，在購買行為結束之後，往往還樂於將自己的消費感受拿出來分享。因此，第五階段 Share（分享）才是整個消費行為的結束。

（二）SICAS 行為模型

SICAS 是基於長期以來對使用者行為追蹤、消費測量、觸點分析和數位洞察，於 2011 年在《社會化行銷藍皮書》中正式提出的一個消費行為模型。SICAS 模型描述了數位時代的使用者行為和消費軌跡，即（品牌—使用者）互相感知（Sense），產生興趣—形成互動（Interest & Interactive），（使用者與品牌—商家）建立連接—交互溝通（Connect & Communication），行動—產生購買（Action），體驗—分享（Share），共五個階段。

該模型直指 AISAS 模型的侷限性，認為目前消費資訊的獲得已經不再是一個主動搜尋的過程，而是關係匹配—興趣耦合—應需而來的全景式過程，

使用者行為、消費軌跡在這樣一個生態裡是多維互動過程，而非單向遞進過程。基於使用者關係網路，使用者與好友、使用者與企業相互連通、自由對話成了數位時代新的傳播行銷生態。

四、影響消費者行為的因素

消費者購買決策和行為受到諸多因素的相互影響，其中傳統因素主要包括文化因素、社會因素、個人因素和心理因素四個方面；而新媒體時代新的影響因素主要有商品資訊、顧客評價、優惠折扣等。

(一) 傳統因素

傳統因素是指在傳統的行銷環境下為人們所公認的影響消費者行為的幾個因素。

1. 文化因素

文化因素對消費者行為的影響是廣泛而深遠的，這一因素包含了文化和次文化等層次。

廣義的文化指的是人類所創造的物質財富和精神財富的總和。狹義的文化指的是整個社會的觀念、價值和行為構成。文化中共同的價值觀、態度、道德規範和風俗習慣，對消費者行為的影響是潛移默化的。

次文化是母文化中某個群體或地區形成的特有的文化觀念和生活方式。同一種文化內部通常包含了很多種次文化，例如民族次文化、宗教次文化、種族次文化、地理次文化等。處於不同次文化群體中的消費者，有不同的生活習慣、價值取向、文化偏好和禁忌，從而產生不同的消費行為。

2. 社會因素

社會因素對消費者行為也有重要影響。社會因素包括相關群體、家庭和社會階層等方面。

相關群體指的是對個人態度和行為有直接或間接影響的一切群體。相關群體分為兩類：一類是所屬群體，即個人屬於其中成員而且受到直接影響的

群體，如家庭、朋友和同事等；一類是非所屬群體，即個人並非其中成員但渴望成為其中成員的群體。相關群體對消費者的影響表現在四個方面：第一是提供新的觀念、行為和生活方式，第二是影響個人的態度和自我觀念，第三是影響個人的消費行為與群體趨於一致，第四是引起個人產生效仿的慾望並促成消費行為。

家庭是最重要的相關群體之一，對消費者的態度和行為影響最大。家庭又分為兩類：一類是消費者自身成長的家庭，成員包括父母和兄弟姐妹，這類家庭對消費者的行為具有重要影響；一類是消費者自身組建的家庭，成員包括配偶和子女，這類家庭是最重要的購買單位。

社會階層是具有相似社會地位的人所構成的較同質且持久不變的開放性群體。個人所屬的社會階層通常是由職業、收入、財富、教育和價值觀等多種因素決定的。同一社會階層中的成員往往具有相似的價值觀、興趣和行為，因而在消費行為上也更加相似。

3. 個人因素

影響消費者行為的個人因素包括人口統計特徵、個性、自我觀念和生活方式等方面。人口統計特徵指的是人的年齡、性別、受教育程度、職業、收入水準等。個性是人由於先天的遺傳和後天的成長經歷不同，而造成的不同性格特徵。自我觀念是個體對自身的知覺、瞭解和感受。生活方式指的是個人根據自身價值觀、道德觀、審美觀在衣食住行、勞動工作、休息娛樂、社會交往、待人接物等方面表現出來的行為方式。

4. 心理因素

心理因素也是影響消費者行為的重要因素，包括需要、動機、感覺與知覺、學習、信念與態度等方面。需要是人們在生理或心理上感到某種缺乏，而想要獲得滿足的心理狀態。消費者的需要經過外部誘因刺激，就會促成消費行為。動機是推動人從事某種活動或為達到某種目的，而採取行動的內部動力。引起動機的內部條件是需要，外部條件是誘因。廣告行銷活動就是一種外部誘因。感覺是人們對直接作用於感覺器官的客觀事物個別屬性的反應

和察覺。知覺是人們在頭腦中產生的對作用於感官的客觀事物的整體認識。即使是有同樣需要和動機的消費者，也會因為感覺和知覺不同，而產生不同的消費行為。學習指的是人們由於經驗而引起的行為的改變。人們的大多數行為都是從後天經驗中學習得來的。消費者消費行為的結果對學習有重要影響。如果購買結果是令人滿意的，就會加強消費者的學習反應，下次再有需要時，還會重複購買行為。如果購買結果令人不滿意，消費者可能就不會再重複這一行為了。後天經驗的積累讓人們形成了對產品、服務或者企業的信念和態度，這些信念和態度又影響著消費者的消費行為。

（二）新媒體環境下的影響因素

在新媒體環境下，由於資訊傳播渠道的暢通性和回饋機制的靈活性，以及電子商務購物模式的發展，消費者的消費模式除了受到以上四個傳統因素的影響外，還會受到諸如商品資訊、顧客評價、優惠折扣等網路資訊的影響。

1. 商品資訊

新媒體平台上提供的商品資訊對消費者行為有重要影響。由於現在獲取資訊非常便利，消費者往往在消費之前會搜尋相關產品的資訊，想要獲得盡可能多的資訊來支持自己的購買決策。如果新媒體上提供了足夠多的資訊，就會讓消費者對自己想要購買的產品更加瞭解，從而更容易促成購買行為。

2. 顧客評價

新媒體的互動性讓消費者更容易對購買過的產品做出評價或回饋，並將這些資訊分享在網際網路上，這些資訊成為其他消費者參考的資訊，因此新媒體時代的消費者在購買前，往往會網上查尋所要購買產品的其他顧客評價如何。特別是在網路購物中，顧客評價是消費者的重要參考資訊。如果顧客評價較好，更容易促成消費行為；如果顧客評價不高，則容易阻礙消費行為。

3. 優惠折扣

　　優惠折扣對所有消費者來說都是難以抗拒的誘惑，特別是女性消費者。很多女性消費者往往會因為優惠折扣，而產生盲目消費行為。由網際網路公司阿里巴巴率先打造的「雙十一」購物節，便是典型的利用優惠折扣來刺激消費行為，並且產生了驚人效果。阿里巴巴旗下的天貓商城和淘寶網，在「雙十一」這一天的銷售額連續三年飛速上漲。可見優惠折扣這一因素對消費行為具有的重要影響。

第四節 新媒體廣告閱聽人策略

　　廣告傳播的最終目的在於影響廣告閱聽人的態度和行為，因此，結合廣告閱聽人的特點制定廣告策略是廣告活動取得成功的關鍵。以下分別從廣告內容生產和廣告傳播兩個層面出發，介紹幾類有針對性的廣告策略。

一、廣告內容生產過程中的閱聽人策略

　　根據新媒體廣告閱聽人的特點，在廣告內容生產過程中可採取以下策略：

（一）以新穎的創意獲取閱聽人注意

　　如前文所述，艾瑞諮詢調查顯示，在2013年最吸引網友的廣告展現因素中，「廣告內容及創意」是最首要的因素。因而要想獲取新媒體廣告閱聽人的注意，廣告主應該對廣告創意給予充分重視。首先要注重廣告內容上的創新，這一點不管是對傳統廣告來說，還是對新媒體廣告來說，都是至關重要的。在新媒體時代，快速的生活節奏和大量的資訊接觸，讓人們的注意力越來越分散，只有新穎、犀利、有洞察的創意才容易被閱聽人記住，具有創意的廣告內容才能贏得閱聽人的欣賞。其次要注重廣告形式上的創新。新媒體時代廣告的呈現終端更加多樣化，廣告的表現形式也更加豐富。單調呆板、千篇一律的傳統廣告表現形式已經無法抓住閱聽人的眼球，新媒體廣告閱聽人更加青睞新鮮、獨特、具有社交性和分享性的廣告表現形式。

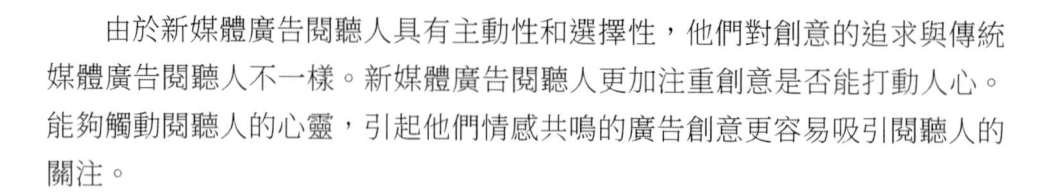

由於新媒體廣告閱聽人具有主動性和選擇性，他們對創意的追求與傳統媒體廣告閱聽人不一樣。新媒體廣告閱聽人更加注重創意是否能打動人心。能夠觸動閱聽人的心靈，引起他們情感共鳴的廣告創意更容易吸引閱聽人的關注。

（二）以符合個性化特點的語言與閱聽人溝通

新媒體廣告閱聽人是由無數個體組成的，這些個體擁有不同的文化背景、社會環境、心理認知等，當他們面對不同的廣告資訊時，會有不同的選擇。廣告傳播者在傳播廣告資訊之前要分析閱聽人的個性，為他們提供與個性相符的廣告資訊。新媒體時代的廣告閱聽人普遍追求個性，標榜自由，喜歡與眾不同，這種趨向也導致訂製式的服務越來越受歡迎。廣告創意人員在創作廣告時應充分考慮閱聽人的個體性，挖掘廣告目標閱聽人的偏好，選擇適合的表現方式與內容，推出訂製式的廣告服務。

由於閱聽人的個體性，廣告傳播方應注重與閱聽人的溝通。如近年來興起的大字報廣告風潮，就是用簡短的話語說出特定群體的心聲，以引發閱聽人共鳴的典型廣告。2014 年，支付寶推出「親密付」這一應用以及一系列的廣告。廣告文案使用了大量網路詞彙，引起了 80 後和 90 後的強烈共鳴（如圖 6-9 所示）。

第四節 新媒體廣告閱聽人策略

圖6-9 「支付寶親密付」系列廣告

（三）以交互性的形式激勵使用者參與

互動性是新媒體最大的特點，新媒體廣告閱聽人都具有強烈的參與意願，廣告生產方在製作廣告內容的過程中，應充分注重廣告的互動性和參與性。具有互動性的廣告首先以新穎的形式吸引了閱聽人的注意力，然後可以讓閱聽人在互動的過程中潛移默化地接受廣告資訊，並且留下深刻印象。全球著名內衣品牌「維多利亞的祕密」有一則新媒體廣告在微信朋友圈獲得大量轉發。這則廣告首頁展示的是經過霧化處理的照片，照片上用英文寫著「TOUCH ME」（如圖6-10所示）。閱聽人可以用手指透過觸摸螢幕來擦去這層霧，從而瞭解接下來的內容。這則廣告形式新穎，充分利用了人們的好奇心理，抓住了新媒體廣告閱聽人的眼球，透過互動的形式讓閱聽人參與到廣告中，自然而然地接受了廣告資訊。這種具有創意和互動性的新形式還讓這則廣告得到了廣泛傳播。因此廣告生產方應充分考慮自身產品特點以及目標閱聽人的核心需求，設計出具有良好互動體驗的廣告內容。

圖 6-10　維多利亞的秘密微信廣告

（四）以豐富的內涵感染閱聽人

傳統媒體時代，由於閱聽人接受資訊的渠道比較單一，因而「叫賣式」的硬性廣告能產生良好的宣傳效果。但是新媒體時代，閱聽人接受資訊的渠道越來越多樣化，每天都處於被各種各樣的資訊包圍的狀態，因而對資訊的內容也越來越挑剔。赤裸裸的「叫賣式」硬性廣告越來越容易引起閱聽人的反感，而具有人文關懷的、能夠打動心靈的、能夠引起感情共鳴的廣告內容則會獲得閱聽人青睞。因而廣告生產方在製作廣告時，應注重豐富廣告的內涵，尊重閱聽人，關注閱聽人的個性、價值、尊嚴、地位、發展和自由。具有人文關懷的廣告內容更容易被閱聽人接納，更容易建立起閱聽人對企業和品牌的信任和好感。

二、廣告資訊傳播過程中的閱聽人策略

結合新媒體廣告閱聽人的特點，在廣告的資訊傳播過程中，可採取以下幾個策略，以達到更好的廣告效果。

（一）以「精準傳播」直擊目標人群

　　能否把恰當的資訊傳遞給恰當的閱聽人，是廣告成功的一個關鍵因素。在新媒體時代，廣告資訊與目標閱聽人的精準匹配得到巨大的發展。新媒體時代亦是大數據時代，大數據技術透過對新媒體閱聽人資訊的挖掘，能夠根據閱聽人的年齡、性別、城市等條件對閱聽人進行劃分，還可以根據閱聽人對各種新媒體的使用習慣，以及使用新媒體的過程中留下的資訊，分析出閱聽人的興趣、愛好、需求等。廣告主可以利用大數據技術，根據不同閱聽人的不同需求，來投放滿足他們需求的廣告資訊，從而實現廣告的精準投放。

　　新媒體閱聽人肯定都有過這樣的體驗，當你在 Google 或百度等搜尋引擎網站輸入關鍵詞，查找某個資訊之後，一段時間內你無論上哪個網站，幾乎都能看到跟你曾經查詢的資訊相關的廣告資訊。這是因為 Google、百度等搜尋引擎網站，可以根據閱聽人用搜尋引擎網站輸入的關鍵詞，得知閱聽人最近關注的資訊，然後透過聯盟廣告平台向閱聽人推送相關廣告資訊。然而這種根據關鍵詞搜尋而進行的廣告投放還不夠精準。隨著大數據技術的發展，新媒體廣告閱聽人的匹配將會更加精準。

（二）以話題性內容促進二次傳播

　　新媒體時代，廣告閱聽人深度參與到網際網路中，既是資訊的消費者，也是資訊的生產者。這就決定了新媒體時代廣告傳播的一個新特點，廣告在廣告主進行第一次發布傳播之後，還會得到閱聽人的第二次傳播。新媒體廣告閱聽人具有高度參與性，他們喜歡互動式的廣告內容，願意對廣告資訊進行回饋，樂於對優秀廣告進行轉載和轉帖。特別是在微信、微博等社交性和分享性極強的新媒體中，優秀的廣告容易獲得閱聽人的二次傳播。而閱聽人的二次傳播對廣告資訊的傳播具有很大影響，能夠讓廣告主僅用很少的預算，就使廣告資訊得到廣泛傳播，使品牌達到超高曝光率，為廣告主帶來意想不到的效果。因此，廣告主不但要在廣告的內容生產過程中重視新媒體廣告閱聽人的互動性，生產互動性強的廣告內容，以吸引閱聽人的注意，在廣告傳播過程中，更要重視閱聽人的互動性，以促成閱聽人對廣告資訊的二次傳播。

（三）以人性化的傳播方式提升使用者經驗

新媒體環境下，閱聽人的自主性大大提高，他們對資訊的選擇更加自由，如果還是像傳統媒體那樣，強制閱聽人觀看廣告，只會讓閱聽人越來越反感。因此，對於新媒體廣告閱聽人，要充分尊重他們的自主性。透過提高自身廣告質量，或是提供閱聽人需要的廣告來吸引閱聽人的注意。

【案例】

伊利溫暖系列整合行銷

——精準鎖定溝通點，引發閱聽人情感共鳴

1. 伊利聯合優酷影像館發動時令行銷

背景介紹：溫暖常常是冬季的核心時令主題。優酷影像館作為優酷全網首個時令性主題產品，一直專注於對年度重大節日檔和時間節點的時令性行銷傳播，透過盤點熱點現象，多邊發掘熱點話題，讓故事和觀點更具有時令話題性和社會代表性，引發網友共鳴，營造熱烈氛圍，短期內引爆社會影響力。

正是由於影像館獨特的行銷方式及強大的傳播效果，伊利攜手優酷新年影像館，結合品牌傳播主旨，圍繞「愛他就讓他溫暖」，在這個歲末年初的時間點，開展了一場深入人心的溫暖行銷。

傳播目標：塑造品牌溫暖氣質，提升品牌親和力行銷策略；緊扣時令話題，多層次組合內容，從內容到話題，多層次、多角度烘托主題。2部《影像錄》，以紀錄片形式講述真實的溫暖故事；一部《漫話》以動漫形式趣解主題，細數各國的新年習俗，分享快樂的小溫暖；一部《大話》圍繞主題進行街頭採訪，發掘溫暖態度，喚起人們關注身邊的人，傳遞溫暖，表達溫情。特別拍攝的品牌微電影《伊利：溫暖的〈牛奶記憶〉》，從清新的純真感情入手，講述一個女孩的青春記憶，伊利用暖心的故事詮釋溫暖和溫情，用真摯的感動引發共鳴。

點評：

從「素人」到明星，從影像的記錄到話題的創造和傳播。伊利新年影像館，希望透過影像故事觸及人們心中最柔軟的地方，用真情實感與人們溝通，引發情感共鳴的同時啟發人們關心身邊人。在這個過程中，也無形中讓伊利溫暖親切的品牌形象更加深入人心。

2. 伊利的互動行銷 ── 「熱杯牛奶，溫暖你愛的人」

背景介紹：2014年年末，網易新聞攜手伊利，策劃了一場溫暖行銷。該活動分為時刻溫暖、回味溫暖、你的溫暖。

溫暖影片傳播目標：提高品牌知名度，加強品牌形象的行銷策略；圍繞溫暖，透過互動喚起消費者共鳴。

PC端：

時刻溫暖 ── 以圖文形式介紹37個溫暖瞬間。以父女母子、北漂小情侶、金婚夫婦、爺孫、閨蜜等多個重要關係為創意原點，講述普通人之間的溫暖故事，從而投射到普通大眾。從情感上，建議品牌與消費者的深度關聯。

回味溫暖 ── 介紹明星溫暖故事。聯合伊利代言人資源，如楊冪、高圓圓、彭於晏、林志穎與Kimi等，訂製化講述明星自身溫暖故事。透過明星號召力，將活動影響力進一步發酵。

你的溫暖 ── 普通人上傳分享自己的溫暖故事，可透過傳照片寫祝福，分享自己的溫暖海報，藉由邀請好友觀看，提升作品熱度，或點讚支持，來贏取溫暖禮品。

溫暖影片 ── 鳳凰邀請著名心理諮詢專家雷明，情感學家黃菡，作家、編劇張嘉佳和著名作家、媒體主編蘇芩等知名人物，透過影片表達溫暖。

行動端：

手機畫面模仿水氣彌漫的玻璃，用手指擦擦螢幕，就會出現暖心文字。整個互動以html5頁面的形式呈現，搭載在網易新聞使用者端之上，主界面中主打溫暖視覺與手掌互動，帶來品牌的親切感，使用者將手貼在螢幕上就可以「加熱」牛奶，隨後再分享至朋友圈邀請五位好友繼續點擊「加熱」。

新媒體廣告
第六章 新媒體廣告的市場客體（廣告閱聽人）

點評：

「熱杯牛奶，溫暖你愛的人」活動憑藉媒體的洞察力，將溫度與品牌形象融為一體，架構出一個有社會影響意義的話題——熱杯牛奶，溫暖你愛的人。在社會各領域大範圍地引發了閱聽人的思考。一方面，讓人們在傾聽名人講述溫暖故事的過程中，增加了對伊利品牌的好感度，將品牌理念「溫暖，健康」融入備受關注的話題，獲得了閱聽人的價值認同和情感共鳴。另一方面，透過體感互動的創新型行銷方式，鼓勵觀眾積極參與到溫暖活動中，讓目標消費者能夠真切感受到伊利的品牌溫度。

【知識回顧】

從古代閱聽人到現代閱聽人，閱聽人的概念不斷演變，閱聽人觀也經歷了不同階段的變化。新媒體時代，閱聽人的內涵進一步擴展，產生了「使用者」和「網友」等適應新媒體特徵的新概念。廣告閱聽人作為廣告活動指向對象和廣告資訊的接受者，包含廣告媒體閱聽人和廣告目標閱聽人兩重含義，由於本書主要側重對整體新媒體廣告市場運作規律的認識，因此廣告閱聽人主要指的是廣告媒體閱聽人。從廣義上說，所有的新媒體使用者都是新媒體廣告的潛在媒體閱聽人。

從新媒體廣告閱聽人的特徵來看，總體上看具有個體性、聚合性、自主性和參與性等特徵，這也是新媒體使用者的共性特點；此外，新媒體廣告閱聽人的結構構成和行為上也具有一些明顯的特徵，瞭解這些特徵有助於廣告策略的制定。從消費行為上看，新媒體環境下廣告閱聽人的消費行為具有消費行為網路化、消費產品個性化、決策模式兩極化、消費決策雙重化等特徵。基於數位時代的消費行為特色，傳統的 AIDMA 行為模型已無法解釋新時期消費者的行為歷程，在這種背景下，一些新的消費者行為模型理論應運而生，其中較有影響力的是 AISAS 行為模型和 SICAS 行為模型。影響新媒體廣告閱聽人消費行為的要素，除了傳統的文化因素、社會因素、個人因素、心理因素外，新媒體平台中的商品資訊、顧客評價、優惠折扣等都是重要影響因素。

廣告傳播的最終目的在於影響廣告閱聽人的態度和行為，因此，結合廣告閱聽人的特點，制定廣告策略是廣告活動取得成功的關鍵。具體來說，在廣告內容生產過程中，可以新穎的創意獲取閱聽人注意、以符合個性化特點的語言與閱聽人溝通、以交互性的形式激勵使用者參與、以豐富的內涵感染閱聽人等；而在廣告資訊傳播過程中，可以「精準傳播」直擊目標人群、以話題性內容促進二次傳播、以人性化的傳播方式提升使用者經驗等。

【思考題】

1．閱聽人內涵有哪些發展變化？

2．結合案例說明新媒體廣告閱聽人的特點。

3．作為消費者的新媒體廣告閱聽人在消費行為上有哪些特點？

4．結合案例說明新媒體廣告閱聽人策略有哪些。

新媒體廣告
第七章 新媒體廣告的市場運行

第七章 新媒體廣告的市場運行

【知識目標】

☆新媒體廣告市場運行的特點

☆網路廣告市場運行模式及不同廣告模式下產業鏈成員的特點

☆手機廣告產業鏈的特殊性及不同廣告運行模式的特點

【能力目標】

1. 能說出新媒體廣告產業鏈的主要角色

2. 能說出三種典型的網路廣告運行模式及其特點

3. 能說出手機媒體廣告的運行模式

4. 能結合自己的理解分析手機廣告市場的現狀及制約因素

【案例導入】

企業職員王女士最近非常忙，家裡剛裝修完新居，需要購置一批家用電器和日用品；同時自己還計劃參加本年度的研究生入學考試，期望透過讀研究所為自己充充電，便於適應今後的職業轉型和提升。王女士花了一天時間來蒐集相關資訊，首先透過百度搜尋查詢了一些關於如何選購微波爐的資料，然後在淘寶上瀏覽了有關煎烤機等廚房用具的商品資訊；此外，又利用空閒時間查詢了與研究生招生和考試相關的資訊。令王女士感到奇怪的是，在她此後打開的任何頁面中，之前查詢過的相關商品資訊都會以各種形式出現在自己眼前，比如很多頁面右側都出現了淘寶網關於某品牌煎烤機的推廣頁面，還有網頁上出現類似「如何選購微波爐」的關鍵詞連結。雖然廣告推廣痕跡較重，但由於與自己的需求非常相關，王女士還是選擇了一些自己感興趣內容查看。但是，令王女士不能忍受的是，在自己打開的頁面中，同時還有關於「考研輔導」、「研究生培訓班」等推廣資訊，因為王女士並不願意讓公

司同事知道自己的考研計劃，而網頁上的廣告很容易將自己關注的資訊，暴露在其他人面前。

透過這個案例，請思考新媒體廣告發布模式的特點。

隨著網路資訊技術的創新和發展，新媒體廣告市場在不斷突破傳統模式和各類固有束縛中迅速發展，原有的廣告市場格局不斷被顛覆和重組，廣告產業鏈中的新角色不斷湧現，新的產業鏈模式初見端倪。總的來說，目前新媒體廣告市場仍處於新舊模式並行階段，運行模式具有多樣化特徵。網路、手機、互動性電視三種媒體間的界限未完全打破，但目前已有一些廣告運營商開始涉足跨平台廣告運營，並取得初步成效，三螢幕合一的廣告運營將是未來新媒體廣告發展的趨勢。

本章將在分析梳理新媒體廣告產業鏈的基礎上，分別針對網路、手機兩個新媒體領域，總結其廣告產業鏈的角色構成、廣告市場的特點及廣告運行模式。由於電視新媒體目前尚處於內容入駐階段，廣告經營尚未形成氣候，因此在本章中不做闡述。

第一節 新媒體廣告市場概述

相對於傳統廣告市場而言，新媒體廣告市場的變化是巨大的。新的產業鏈角色不斷產生，產業鏈各環節的新成員層出不窮，廣告運作模式不斷創新、千變萬化，整個廣告行業在新媒體廣告的帶動下正發生著深層洗牌。

一、新媒體廣告產業鏈概況

產業鏈的思想最早來源於亞當‧史密斯關於企業內部分工的論斷，最早認為產業鏈是指企業把外部採購的原材料和零部件，透過生產與銷售等活動，傳遞給零售商和使用者的過程，是製造企業的內部活動。馬歇爾將企業內部分工擴展到企業與企業之間，強調企業間分工協作的重要性，成為產業鏈理論的真正起源。廣告產業是透過廣告調查、策劃、設計、製作、發布、效果評估等方式獲取利潤的產業門類，廣告產業鏈則是指圍繞以上環節，以現代

傳媒技術為基礎、滿足不同閱聽人需要而建立的跨領域相互銜接的共同獲取利潤的產業鏈條。

(一) 新媒體廣告的產業鏈結構

在傳統媒體時期，廣告產業鏈主要由四個環節構成，即廣告主、廣告代理公司、媒體、閱聽人。除此之外，還有不同類型的產業鏈下游服務機構，如影視廣告拍攝、平面廣告噴繪製作、廣告數據調研公司等。從廣告作業流程來看，一般是由廣告主自行或委託廣告代理公司設計、製作廣告、制定廣告投放計劃，透過媒體發布，到達閱聽人。運作模式較為單一，流程清晰。而在新媒體環境下，廣告產業鏈條下的角色和成員都發生了很大變化。

新媒體廣告產業鏈主要由廣告主、廣告代理商、技術服務提供商、媒體平台提供商、若干下游服務機構以及新媒體使用者等共同組成。（如圖 7-1 所示）。

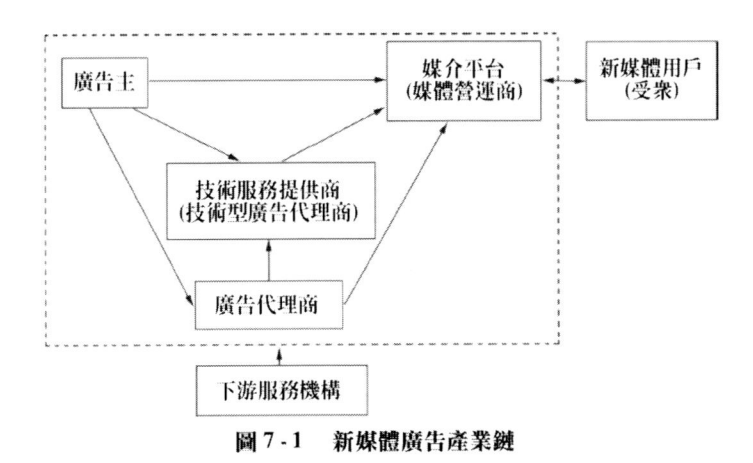

圖 7-1　新媒體廣告產業鏈

1. 廣告主

廣告主是廣告活動的發起者和出資者，其透過廣告代理商或技術服務提供商來購買廣告策略或媒體資源，依靠廣告活動擴大自身影響力，從而獲得利潤。

2. 廣告代理商

新媒體廣告代理商是廣告主與廣告媒體之間的仲介角色，或幫助廣告主代理廣告活動獲取佣金，或幫助廣告媒體銷售版面和流量獲取利潤分成或代理費。

3. 技術服務提供商

技術服務提供商，是指在廣告主與媒體之間，為雙方提供與廣告活動相關之各類技術服務的公司。其主要透過開發技術平台或提供技術服務，幫助廣告主與媒體之間實現高效對接，提高廣告傳播的效率。技術服務提供商有時直接充當廣告代理商的角色，為廣告主代理廣告業務，並從中收取服務費或利潤分成。因此也可以看成是技術型的廣告代理商（本書第 5 章有所涉及）。

4. 媒體平台

媒體平台即新媒體廣告的發布載體，媒體運營商即提供新媒體廣告發布平台的組織或個人，其透過提供廣告展示平台，出售媒體資源，為廣告主發布廣告來獲取廣告發布費。

5. 產業鏈下游服務機構

在主流產業鏈之外，還存在若干提供外圍服務的公司，如第三方數據監測機構、網路調研機構、網路圖片或影片製作公司、效果優化公司等，它們也是網路廣告產業鏈的重要組成成員。

6. 新媒體使用者

新媒體使用者即新媒體廣告的閱聽人，產品或服務的潛在消費者。作為廣告的最終接收者，新媒體使用者對廣告的態度決定著廣告策略的成敗。

(二) 新媒體廣告產業鏈的變化

從宏觀上看，相對於傳統廣告產業鏈來說，新媒體廣告產業鏈主要發生了如下幾個明顯變化：

1. 一個新角色的誕生 —— 技術服務提供商

由於新媒體是伴隨著電腦技術、數位技術、網路技術、資訊科技等一系列技術革新而產生的，技術在新媒體廣告領域同樣發揮著前所未有的作用。在新技術面前，傳統廣告代理公司束手無策，因此技術服務提供商應運而生。技術服務提供商利用精準的計算技術和大數據分析技術，透過搭建平台等手段，在實現廣告的精準投放、程式化投放、跨螢幕投放等各方面均發揮著重要作用，不斷推動著廣告市場的變革。

2. 新成員的不斷加入，優勝劣汰

若說「技術服務提供商」的誕生是顯性的變化，那在各個產業鏈中不斷加入新成員，則是一個隱性變化。以廣告代理商為例，廣告產業鏈中除了傳統廣告代理商外，不斷產生新形式的代理商，如廣告聯盟、數位廣告公司等。

3. 幾個概念的變化

(1) 從「媒體」到「平台」。從廣告的發布載體來看，傳統的「媒體」轉變為「平台」概念，意味著發布載體具有更加開放的特徵。

(2) 從「閱聽人」到「使用者」。從廣告的接收者來看，傳統的「閱聽人」轉化為「使用者」概念，意味著新媒體使用者不再是被動接受廣告，而是擁有更多的自主權和選擇權。這對廣告策略的制定具有重要意義（見第 6 章內容）。

值得注意的是，從實際運作的層面來看，目前在新媒體市場上，產業鏈成員間並沒有絕對的界限，尤其是隨著網際網路巨頭的全面發展、傳統廣告代理公司的轉型、新型技術公司的綜合發展以，及各種資本力量的驅動，產業鏈各環節之間不斷地融合和相互滲透：廣告代理商同時可能是技術服務提

供商；技術服務提供商不斷向綜合型廣告代理滲透；媒體平台提供商可能同時集廣告主、廣告代理商、技術服務提供商多種角色於一身。

二、新媒體廣告市場運行的特點

相對於傳統的廣告市場而言，新媒體廣告市場有如下幾個突出特點：

（一）廣告代理制與「去仲介化」協同發展

廣告代理制是國際通行的廣告經營與運作機制，指的是廣告代理方（廣告經營者）在廣告被代理方（廣告主）所授予的權限範圍內來開展一系列的廣告活動。在廣告代理制中，廣告代理公司是廣告市場的仲介和核心，實行雙重代理，一方面受廣告主委託，為其提供市場調查、廣告策劃、設計、製作、媒體購買、廣告發布、效果評估等相關服務；另一方面向媒體機構購買媒體資源，幫助媒體擴大業務量。在新媒體環境下，一方面各業務範圍內的新型廣告代理公司層出不窮，服務模式多種多樣，廣告代理商致力於為廣告主提高廣告效率、為媒體增加收益，最終形成多方共贏的良性互動關係；此外，還有諸多媒體自行開發程式化廣告投放平台，使得廣告主無須依賴任何代理商即可便捷地投放廣告。

（二）產業鏈條明顯向媒體投放環節傾斜

在傳統大眾媒體時期，廣告市場的產業鏈重心主要在於廣告活動的前端，即廣告策劃、創意、整合行銷方案制定等，在這種背景下，策劃公司、創意公司、以 4A 為代表的綜合型廣告代理公司大行其道，度過了幾十年的黃金時間。在網路廣告市場環境下，由於媒體的爆炸式增長和碎片化、扁平化趨勢，「廣告是否能到達目標人群」成為廣告主最關心的核心問題，而數位技術的發展又為解決這一問題提供了可能。因此，在現階段，網路廣告市場的產業鏈條明顯向廣告活動的末端，即媒體投放環節傾斜，綜合服務型廣告公司投入更多的精力，或自己開發媒體投放工具，或採取技術合作的方式來尋求媒體有效整合之道；技術服務型廣告公司的核心業務更是集中於投放環節，

並不斷有新型的技術公司憑藉有特色的廣告投放技術加入這個產業鏈條的隊伍。

（三）技術服務型公司發展迅猛

新媒體廣告市場是一個技術和藝術、行銷相融合的領域，數位技術在網路廣告活動的各環節有極大的發揮空間，可以利用數位技術開展大規模的市場調查、使用者抽樣與分析、廣告數據監測；透過大數據進行使用者行為跟蹤、人群分析；還可透過技術軟體進行創意設計、創意優化、定向廣告投放、媒體廣告位管理、廣告發布、廣告效果監測等。因此，近年來在新媒體廣告市場中，針對各細分領域的技術服務型公司，發展非常迅猛，第三方數據監測公司、創意優化公司、數據優化公司以及各種廣告交易平台層出不窮，進一步完善了網路廣告產業鏈。

第二節 網路廣告的市場運行模式

網路廣告市場是起步最早，也是各類新媒體廣告市場中發展最為充分的領域。在網路廣告發展的各個階段中，不斷有新的產業鏈成員加入、退出，原有的運行模式方興未艾，新的模式又已產生，新舊模式的交融與並存是當前網路廣告市場的典型特徵。

從具體廣告運作層面來看，由於相比傳統廣告市場，網路廣告市場的細分化程度更高，中小廣告主和媒體的長尾流量受到前所未有的關注；同時，隨著技術的進步，基於技術服務提供商開發的技術服務平台，針對全媒體、跨平台的程式化購買模式也開始起步。在網路廣告市場中，目前形成了三種較為典型的運行模式（如圖 7-2）：

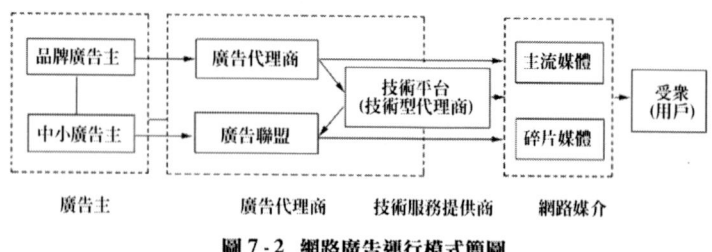

圖 7-2　網路廣告運行模式簡圖

第一種是以品牌廣告主為核心，由廣告代理公司在整合行銷、創意策劃等方面，提供綜合性代理、或專項代理的廣告運行模式，我們可將其統稱為「策略導向型」的傳統廣告代理模式。

第二種是以中小型廣告主為核心，由廣告聯盟搭建開放式的廣告投放平台，幫助中小型廣告主，在數量眾多的網路媒體上完成廣告投放。由於這種模式更關注如何根據廣告主需求，在更為廣泛的媒體中進行廣告投放，因此可將其統稱為「媒體導向型」的廣告聯盟代理模式。

第三種是以開放式技術平台為核心，以「閱聽人購買」為導向，面向所有廣告主、廣告代理商、媒體，將廣告主需求和媒體流量、閱聽人興趣等進行無縫對接，以提升廣告投放效率的新型模式，可統稱為「閱聽人與技術導向型」RTB（實時競價）模式。嚴格地說，RTB 模式只是一種購買模式，只涉及了產業鏈後端的購買環節，與前兩種模式不在一個層面，之所以將其放在一起進行介紹，是因為 RTB 模式是目前網路廣告市場最受關注的領域，在 RTB 模式的帶動下，有望促進網路廣告產業鏈整體格局的重新洗牌和歷史變革。

一、「策略導向型」傳統廣告代理模式

「策略導向型」廣告代理模式實質上，是傳統大眾媒體時期最典型的廣告代理模式在新媒體領域的延伸。目前大部分品牌廣告主仍習慣於，尋找一個綜合型代理公司為其提供全案代理服務，其中包含了新媒體領域的行銷推廣活動，基本運作模式與傳統大眾媒體時期大致一樣，因此可以說是較為傳統的廣告代理模式。

（一）產業鏈角色及其特點

在「策略導向型」廣告代理的這支產業鏈條下，產業鏈角色呈現如下特點：

一是廣告主多為知名企業或品牌廣告主，其擁有較強的經濟實力，廣告費用充足，依託具有網路廣告代理能力的廣告公司為其策劃、設計、製作和發布網路廣告，或在全案代理過程中，兼顧在網路領域的行銷和傳播。

二是廣告代理商一般為策略型廣告代理公司，也可稱為綜合服務型廣告公司。從廣告活動的流程上看，其業務核心更傾向於廣告活動鏈的中端，即策劃、創意、整合行銷傳播等環節，正如有學者所說：網路廣告代理運作的起始點是市場調查和行銷分析，核心是廣告創意與廣告計劃，終點是網路廣告效果評估。同時，實際上，他們的角色已經或正在向網路整合行銷服務公司轉變，業務範圍已突破狹義廣告活動的範疇，廣泛涉及內容行銷、互動行銷、網路新聞公關、網站創意設計、APP製作以及形式各異的網路整合行銷等方方面面，透過表 7-1：華揚聯眾廣告公司的服務範圍，可見一斑。

表 7-1　華揚聯眾公司服務內容一覽表

業務領域	具體服務內容
數位化品牌與行銷策略	品牌策略及項目策畫： ・數位化品牌診斷・目標消費人群網路行為分析・網路傳播環境分析・制定網路品牌基本架構・制定品牌網路傳播體系及策略・制定重要推廣活動策畫方案・ ・制定品牌／產品口碑體系
	網路傳播研究： ・網路發展趨勢分析・網路行銷方式分析・網路文化透視・新媒體推廣價值研究 ・新行銷手段分析・特定人群網路行為分析
	培訓及交流： ・為內外部提供專項培訓・提供網路相關資訊分享・提供workshop，進行研究結果分享 ・組織沙龍等互動活動・提供與媒體、消費者直接接觸機會 定期發布相關研究結果，提供客戶及內部分享、學習
創意	創意策略：堅持「Idea至上」，從契合客戶品牌傳播的戰略層面開展可行性整體創意規劃。
	創意執行：基於整體傳播策略的全方位創意及執行
	創意形式：線上廣告、網站構建、數據庫管理、多媒體應用以及國內外前沿的媒體技術及項目管理方法

續表

業務領域	具體服務內容
內容行銷	策劃（行銷策略構建）： ・品牌／產品的網路口碑傳播策劃・品牌／產品的網路公關策畫・網路多媒體節目的內容置入策畫・企業微博／互動帳號策畫 實施（媒體選擇）： ・內容創意・論壇帖／部落格文章／公關短文等創意製作與發佈・病毒影片／漫畫創意製作・論壇／頻道發布與維護・企業部落格／微博／百度貼吧／問答推廣與維護・互動類網路（開心／人人／豆瓣等）推廣及維護・網路輿情監測・危機公關及負面訊息處理 監測、分析及總結： ・論壇／部落格／互動類網路推廣等，在維護期後提供階段性投放分析報告（通常為每週提供・口碑傳播項目結束後提供完整總結及分析報告・輿情監測等根據執行方案定期提供報告・企業微博或其他互動類帳號維護根據客戶需求定期提供總結報告
搜索引擎行銷	・搜索引擎行銷目標分析及策略規劃 ・長期性投放與階段性推廣的整合策略提供 ・搜索行銷產品分析、推薦與規劃 ・搜索行銷行業知識培訓 ・媒體談判、採購及商務流程跟蹤 ・搜索行銷投放執行、跟蹤監測與分析 ・搜索行銷優化（包括SEM/SEO）及相應技術工具應用與開發 ・與互動廣告及線下推廣的整合策略提供
媒體觀察與服務	談判與購買： ・媒體談判和合作・媒體購買和執行・素材測試・創意購買建議・媒體研究和新媒體／頻道／手段／廣告表現建議・媒體評到／項目／產品／服務贊助置入建議 監測和評估： ・每日投放報告・每日螢幕拷貝報告・及時的監測數據收集・買後評價和總結報告 報告： ・會議記錄・工作進度報告・每週／每月／季度／年度報告・競爭品牌月度報告（策略・媒體購買・創意，及所有的線上活動）・附加服務・行業趨勢分析報告・論壇管理 ・品牌調研／消費者行為調研／行業趨勢調研・其他數位媒體合作(WAP／Mobile等)

續表

業務領域	具體服務內容
客戶服務	建立全面的數位行銷解決方案： · 量身訂製的EPR戰略　· 網路行銷戰略　· 整合的和可執行計畫的線上廣告活動
	協助媒介部門： · 媒體策略　· 媒體計畫　· 媒體購買　· 通過談判為客戶獲得最佳折扣，並確保按時上線 · 協助談判購買贊助計畫、活動和渠道　· 提出對新媒體和創意購買的建議
	協調（內部，外部）： · 工作計畫:會議紀錄，工作進度報告　· 投放執行時間表　· 每月總結報告和會議計畫 · 年度總結報告，蒐集有利於客戶的相關訊息　· 定期市場調研，並提供報告 · 與客戶溝通和定期訊息交流
	應急服務

三是技術服務提供商在這種模式下也發揮著一定作用，主要體現在數據監控、效果評估等方面，一般透過廣告代理商與技術服務提供商的合作來實現。

四是媒體發布平台以具有一定知名度、形象、公信力且擁有廣泛使用者群的網路媒體為主，如入口網站、新聞網站、主流影片網站或大型社交網站等。廣告收費更多地沿襲傳統大眾媒體的付費模式，如按展示時間、版面位置或千人成本等方式，而較少採用效果付費或點擊付費等方式。

（二）運行方式

從運行機制上看，在「策略導向型」廣告代理模式下，網路廣告代理商透過比稿或業務洽談等方式，獲得廣告客戶，根據客戶需求制定網路廣告活動方案，並予以實施。廣告主按雙方商定的付費方式支付網路廣告代理商一定數量的佣金，並給網路媒體支付廣告費。在這種模式下，也存在多重代理的情況，綜合型網路廣告代理商通常會將某一方面業務，轉包給專業型公司，或與其他代理商開展合作。如依靠專業的數據調查公司進行網路調研，依靠

專業的製作公司進行數位媒體製作，依靠技術實力雄厚的公司，進行廣告定向發布和效果評估等。

（三）「策略導向型」廣告代理模式的特點

「策略導向型」廣告代理模式，是依託於廣告公司的專業性服務，來提高廣告市場整體運作效率的一種運行模式。

一是對廣告主而言，專業化的廣告運作，有利於廣告目標實現。廣告主僱傭具有專業能力的廣告代理公司，參與廣告活動策劃，不僅可以省去自己建立廣告團隊的費用，更可以使廣告活動更為科學有效。

二是對網路媒體而言，廣告公司可以幫助其進行有效資源整合和推廣。網路媒體具有大量資源和無限的表現空間，如果網路媒體與對網路廣告業務不熟悉的廣告主，進行一對一聯繫，無疑會造成效率低下，而且難以達到預期目標。由專業的網路廣告公司代替廣告主與媒體接洽，可以高效地促成廣告合作。

三是對網路廣告市場而言，分工明確，有利於規範網路廣告秩序，提高網路廣告的整體水準，優化使用者經驗。

但是，在目前的市場環境下，這種模式存在諸多問題：

一是面對高速發展的新媒體環境，傳統綜合型廣告公司自身的專業能力沒有同步提升，在與媒體、企業三方的博弈中處於弱勢，其專業價值未得到充分認可，在新媒體廣告產業鏈中發揮的作用有限。

二是網路廣告市場中媒體價格更為透明，廣告代理制在新媒體領域又尚未推廣執行，廣告代理商的利潤空間不斷壓縮，使其處於低效益和泛專業化的被動狀態，在產業鏈中的生存空間越來越小。

三是從廣告代理商與網路媒體之間的關係來看，其仍然屬於傳統的媒體資源型或媒體關係型合作方式，在廣告投放精準化、廣告效果透明化、投入產出比可測量化的大趨勢下，傳統粗放型的廣告投放模式受到越來越多的質疑和挑戰。

四是隨著電腦技術的快速發展，「技術」幾乎可以解決新媒體廣告活動中各個環節的問題，如程式化創意、程式化購買等，一部分不滿高額廣告代理費或不滿廣告代理公司服務的企業開始擺脫傳統廣告代理模式，自建廣告行銷團隊。

二、「媒體導向型」的廣告聯盟代理模式

「媒體導向型」廣告代理模式，是伴隨著網路媒體數量爆增，以及閱聽人注意力的碎片化趨勢，而產生的一種新型廣告運作模式，其最典型的形態即是廣告聯盟代理。

廣告聯盟是網路廣告興起後產生的一種新型廣告組織，其主要組織形態是集合成千上萬的中小網站、WAP站點、APP、自媒體、軟體應用等碎片化的媒體資源，以及大型網站的剩餘廣告位和流量，從而形成具有規模效應的媒體聯盟。同時，透過搭建聯盟平台，將廣告主需求與數量眾多的媒體資源進行對接，實現廣告的高效發布。

廣告聯盟不同於傳統的媒體購買公司，因為它不是以大規模的媒體購買來獲得價格優勢；也不同於傳統的媒體代理公司，因為其不代理特定的媒體，更不是主流媒體的專門版面代理。廣告聯盟以其低成本及特有的針對性，構建出連接中小型企業與數量眾多的網路媒體的一種新型廣告代理模式。

（一）產業鏈角色及其特點

在廣告聯盟這支產業鏈下，主要有廣告主、廣告聯盟及聯盟會員這幾個構成要素。

1. 廣告主

廣告聯盟的廣告主指透過各類廣告聯盟投放廣告，並按照廣告的實際效果（如銷售額、引導數、點擊數和展示次數等，支付廣告費用的一方。在廣告聯盟產業鏈中的廣告主主要是中小型企業。

2. 廣告聯盟

　　廣告聯盟即從事廣告聯盟代理業務的經營者或服務商，其主要透過搭建開放性的聯盟平台，以針對客戶需求的廣告匹配方式，來連結上游廣告主和下游加入聯盟的中小網站，為廣告主提供高效的網路廣告推廣，並進行廣告效果的實時監控和優化。

　　目前，廣告聯盟的形式多樣，大體來說，可從以下幾個角度進行分類。

　　第一，按照業務領域的不同，可分為搜尋競價廣告聯盟、電子商務廣告聯盟、垂直廣告聯盟等。

　　（1）搜尋競價廣告聯盟。搜尋引擎廣告聯盟指，依附於搜尋引擎應用的廣告聯盟，聯盟經營者一般為搜尋引擎網站，如百度、Google、搜狗等。他們主要透過蒐集、分析使用者的搜尋行為來掌握使用者需求，然後將與使用者需求有關的廣告透過聯盟平台在聯盟網站上發布。搜尋競價廣告聯盟一般按點擊付費。

　　（2）電子商務廣告聯盟。電子商務廣告聯盟指，主要針對電子商務客戶，為其提供商品或店鋪推廣的廣告聯盟。電子商務廣告聯盟一般按照銷售效果支付費用。

　　（3）垂直類廣告聯盟。垂直類廣告聯盟指，主要集合垂直類網站資源而建立的廣告聯盟，如遊戲類網站的聯盟、親子類網站的聯盟等。

　　第二，按聯盟的屬性分，有廣告主自有聯盟、第三方聯盟、綜合廣告聯盟等。

　　（1）廣告主自有聯盟。廣告主自有聯盟較為特殊，是廣告主為了更有效地推廣自己的產品，而自己建立的聯盟平台。網站主可以透過註冊成為聯盟會員，根據該廣告主的要求在其網站上發布廣告，根據實際銷售效果獲取提成。擁有自有聯盟的廣告主一般是電子商務企業，這種聯盟形式省去了廣告聯盟的代理環節。

（2）第三方聯盟。第三方聯盟指不附屬於任何廣告主或媒體組織，由獨立的第三方提供網盟平台，為廣告主和網站主提供業務接洽服務的聯盟。

（3）綜合廣告聯盟。綜合廣告聯盟一般附屬於某一媒體，既為他們提供服務，同時也作為獨立的第三方平台，面向其他廣告主和中小網站提供平台服務。

第三，按聯盟的規模大小，又可分為大型聯盟、中型聯盟和小型聯盟。大型聯盟如 Google Adsense、百度、雅虎旗下的廣告聯盟，他們本身就是大廣告主，同時也把大量廣告分給聯盟中的其他站點，他們占據了網際網路廣告市場的絕大部分占比；此外還有諸多針對某個細分領域，規模較小的聯盟。

第四，按照媒體類型不同，還可分為網路廣告聯盟、手機廣告聯盟、數位電視廣告聯盟等，目前已經有很多廣告聯盟開始跨平台運作，成為涵蓋網路、手機、數位電視等不同領域的綜合性聯盟。

3. 聯盟會員

聯盟會員指與廣告聯盟合作或在聯盟平台註冊為會員的網路媒體，包括中小網站、個人網站，及其他碎片化的數位媒體資源。目前，很多廣告聯盟已經打通了網路和手機、數位電視之間的界限，聯盟會員通常也包括 WAP 網站、各類 APP 等。

（二）運行方式

廣告主、廣告聯盟、聯盟會員三者是網路廣告產業鏈上的利益共同體，廣告主向廣告聯盟支付廣告費用，以提高行銷效果；廣告聯盟幫助廣告主將廣告投放到聯盟會員的網站上，廣告聯盟獲取廣告佣金，聯盟會員獲得廣告費。例如在廣告聯盟裡，若廣告主要為每次點擊支付 0.30 元左右的廣告費，按 50% 的分成比例計算，網站上每產生一次有效點擊，網站主可以獲利 0.15 元，廣告聯盟的收入也是 0.15 元。

廣告聯盟的具體運作一般是透過聯盟平台來完成。廣告主首先根據自己的需求選擇適合自己的聯盟平台，同時聯盟平台結合自身定位，開發大量聯盟會員。一般來說，廣告主、網站主的操作流程及廣告聯盟的職責如下：

1. 廣告主的操作流程

(1) 由市場人員或透過聯盟網站註冊，與聯盟建立合作關係。

(2) 簽訂廣告投放合約，並一次性付完合約金額。

(3) 透過聯盟平台發布廣告，根據聯盟的建議確定給網站會員的價格。

(4) 請求網站會員發布廣告或審核會員申請投放廣告。

(5) 查看投放數據：每個網站的每日投放量、作弊參數量、投放頁面等詳細的投放資訊。

(6) 根據查看的數據或聯盟提供的參考數據，中止某些網站的廣告投放，對網站會員信譽度進行評定。

(7) 瞭解每月支付網站會員的財務清單。

2. 網站主操作流程

(1) 申請成為聯盟會員。

(2) 進入廣告庫選擇廣告，並查看廣告主請求其投放的廣告，投放廣告。

(3) 對廣告主信譽度進行評定。

(4) 查看各類投放數據報表。

(5) 獲得投放佣金。

3. 廣告聯盟操作流程

(1) 與廣告主簽訂合約，並暫收投放費用。

（2）為廣告主廣告投放提供決策，為廣告主廣告設計提供決策，為大型廣告主進行廣告創意設計。

（3）協助廣告主廣告審核工作，為廣告主提供審核。

（4）聯盟運營的實現，聯盟與廣告主會在投放過程中加強對作弊的排除和檢查，對已投放的費用仍將支付。

（5）協調廣告主與網站主間的問題。

（6）得到一定比例的提成。

（三）運行原理——長尾理論

廣告聯盟之所以能獲得巨大的生存空間，背後的原理是網際網路背景下的「長尾理論」在廣告領域的應用。長尾理論最早由美國知名新經濟雜誌《連線》的主編克里斯‧安德森（Chris Anderson）提出，他透過對亞馬遜網路書店、Blog、Google 等網際網路公司與沃爾瑪等傳統零售商的銷售數據進行對比研究，發現了網路經濟中的長尾理論。即在網際網路帶來交易成本大幅降低情形下，傳統規模經濟中無法實現的，按需訂製和個性化需求不僅能夠得到滿足，更會令之前看上去需求量很少的產品，也會有人去生產或購買，並且這些傳統規模經濟中需求和銷量看起來都不高的產品，在虛擬經濟中，它們加起來所占據的共同市占率，卻可以和主流產品的市占率相提並論，甚至遠遠超過後者。也就是說，傳統商業中處於盈利尾巴的、數目更為龐大的冷門產品，同樣構成了一個大市場。

對於廣告行業來說，在傳統媒體時期，大眾媒體資源的稀缺性使得廣告價位居高不下，做廣告幾乎是品牌企業的專利，中小型企業對廣告活動望而卻步。在網際網路背景下，廣告聯盟代理商正是發掘出了這些中小型企業潛在的廣告需求，並將這些需求與沒有強大流量和品牌號召力的中小型站點進行有效關聯，不僅幫助中小企業實現了廣告宣傳的目的，同時也為眾多找不到出路的個人網站和中小企業網站找到了謀生途徑。

（四）「媒體導向型」廣告聯盟代理模式的特點

廣告聯盟模式與傳統廣告代理模式可以說是面向兩種不同廣告主群體的共存體，二者各行其道，互為補充。廣告聯盟模式具有廣告成本低廉、涵蓋面廣、針對性強、廣告投放靈活、便於廣告的監測與管理等優點。但是現階段還存在諸多問題：

1. 創意水準較低，影響閱聽人體驗

廣告聯盟模式的主要著力點在於媒體整合和廣告投放，廣告聯盟組織多為技術型團隊，缺乏專業的廣告設計能力。廣告設計一般由創意模板直接生成，這就導致了大部分基於網路廣告聯盟投放的廣告表現較為低劣。

2. 作弊現象突出，影響廣告主信任度

廣告聯盟一般採用效果付費模式，而聯盟旗下的會員成千上萬，一些網站主為了獲得更多廣告費，往往採用技術手段，人為提高點擊率或成交率，很難進行有效監管，這直接影響了企業對聯盟廣告的信任度，從而危害網路廣告聯盟整個產業鏈發展。

3. 低水準同質化競爭，不利於行業發展

小規模的廣告聯盟為數眾多，他們旗下的廣告主資源和媒體資源高度重合，聯盟會員良莠不齊，目前仍處於低級競爭和價格競爭狀態，服務質量低下，導致品牌廣告主望而卻步，限制了整體行業發展。

4. 監管缺失導致聯盟廣告市場混亂

目前從管理上看，對於廣告聯盟模式中聯盟會員的選擇、廣告主資質的驗證、廣告資訊管理上都沒有統一的規定，也沒有針對聯盟行業的服務、產品、技術的相關標準，完全依靠聯盟組織的自律來進行廣告管理，導致虛假廣告、強迫廣告、隱形廣告、詐欺廣告、色情廣告等泛濫，不僅損害了網友利益，也嚴重影響了廣告聯盟的信譽。

三、「閱聽人與技術導向型」的 RTB 模式

RTB，英文全稱為 Real Time Bidding，意為「實時競價」，RTB 模式是近年來在網路展示廣告領域興起的一種實時程式化廣告交易模式，其不同於傳統透過人工談判運作的固定廣告位投放或流量包斷模式，而是基於第三方技術，在數以百萬計的網站上針對每一個使用者，展示行為進行評估及出價的新型廣告模式。簡單地說，就是把使用者的每次頁面瀏覽，透過拍賣的形式賣給廣告主，誰出的價高就把這次瀏覽賣給誰，然後顯示相應的廣告。

RTB 模式最早興起於美國，近幾年在全球範圍內迅速發展，被一致認為是未來網際網路廣告的主流趨勢。在美國，RTB 廣告近 5 年的複合年均增長率為 70.5%。Google 認為展示廣告的市場規模將從現在的 200 億美金，擴張到 2015 年的 500 億美金，其中 50% 以上的展示廣告將透過 RTB 模式完成。相關數據顯示，截至 2015 年，全球基於 RTB 的展示型廣告數額將呈現爆發性的增長 —— 在美國將達到 71%，在德國將達到 99%，在法國將達到 103%，而在英國將達到 114% 的驚人增長。

（一）產業鏈角色及其特點

RTB 模式與前面介紹的「策略導向型」傳統廣告代理模式和「媒體導向型」的廣告聯盟模式不同，其立足於大數據與精算法，主要關注點在於廣告投放效率和效果，目標是使網際網路廣告市場更加精準、透明、高效、可控，讓每條廣告只投放給對它感興趣的閱聽人，每個人只看到自己感興趣的廣告。

但 RTB 模式並不是前兩種模式的終結者和取代者，而是重新整合者，即整合前兩種模式的產業鏈，在此基礎上加入新的仲介成員。圖 7-3 是中國網路廣告市場 RTB 模式的產業鏈全景，可以幫助我們更宏觀地瞭解 RTB 模式下的產業鏈構成。

具體來說，RTB 模式下的產業鏈成員除了包含前兩種模式中提到的廣告主、廣告代理商、廣告聯盟、網路媒體外，還增加了諸多新角色。其中最主要的是由技術服務提供商提供的以下幾種技術平台：

圖 7-3　中國網路廣告市場ＲＴＢ模式產業鏈全景

1. 需求方平台（DSP：Demand side platform）

　　需求方平台是指，面向廣告主或廣告代理公司的廣告投放管理平台。其主要功能是，利用先進的計算方法和數據分析方法，幫助廣告主決策是否出價以及出價額度。目前，DSP 有很多種，從來源上看，有網際網路巨頭推出的內部 DSP、網路廣告公司推出的 DSP、獨立的 DSP 服務商、廣告代理商研發的 DSP；從客戶類型來看，有以品牌廣告為主的 DSP、以效果廣告為主的 DSP，還有品牌和效果兼顧的 DSP 等。

2. 供應方平台（SSP：Supply side platform）

　　供應方平台是指，面向網路媒體（在行動端主要是行動站點和 APP）的廣告位資源管理平台，其主要功能是幫助網路媒體進行流量分配管理、廣告位管理、資源定價、廣告請求篩選等，當媒體的某一頁面被使用者訪問時，及時發布資訊，掛牌出售。

3. 廣告交易平台（AD exchange）

　　廣告交易平台是一個開放的廣告交易市場，分別對接需求方平台和媒體資源，在條件適配的情況下，促成廣告買方與賣方的交易。廣告交易平台一般由大型網路媒體組織創建，主要有兩種形式：一種是私有型交易平台，即

某媒體為促進其自有資源銷售，而建設的交易平台，如盛大、新浪都推出了自己私有的廣告平台；另一種是綜合型廣告交易平台，其不僅面向創建者的自有資源，還廣泛對接各類網路媒體、廣告網路、廣告聯盟、供應方平台。

4. 數據管理平台（DMP：Data manage platform）

數據管理平台主要透過多方數據整合、分析，將數據轉換為便於理解的資訊，幫助廣告主和媒體進行數據管理，以便他們更好地找到潛在消費者，提高廣告效果。

在較為成熟的 RTB 市場中，還有更為細分的產業鏈角色，如圖 7-4 是美國網路廣告生態系統，可以看出其產業鏈角色更為複雜，從廣告創意到效果監測的每一個環節幾乎都有專業的服務機構或平台參與，如創意優化機構、媒體購買平台（MBP：Media Buying Platform）、數據優化機構、產出優化機構，以及專業的廣告製作機構等。

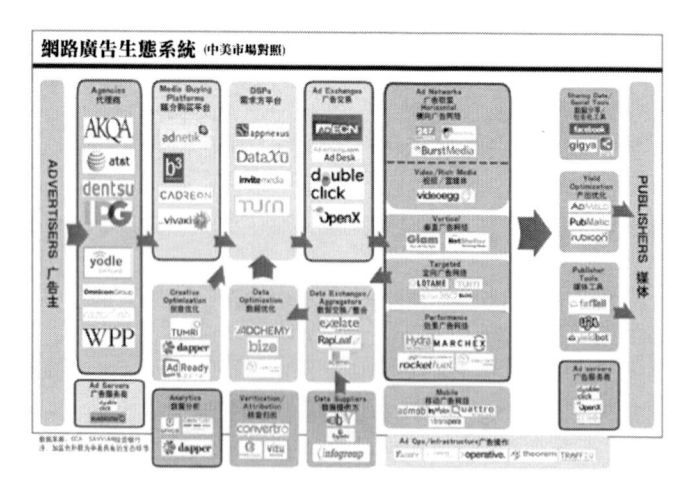

圖 7-4 美國網路廣告生態系統

（二）運行方式

RTB 模式是廣告行業從粗放型運作，向現代精細化運作轉變的必然結果。簡單來說，廣告主將自己的廣告需求放到 DSP（需求方平台）上，網際

第二節 網路廣告的市場運行模式

網路媒體則將自己的廣告流量資源放到廣告交易平台上，DSP透過與廣告交易平台的技術對接完成競價購買。

雖然目前RTB模式尚不成熟，廣告主、廣告代理商以及為數眾多的各類媒體對RTB模式的瞭解也甚少，RTB模式下的廣告占比僅占了整體網路廣告市場的很少一部分。但隨著越來越多廣告代理商、網際網路公司、網路媒體的加入，在產業鏈各成員的積極探索下，一個分工細緻、高效透明、多方共贏，並有望徹底打通各類新媒體廣告產業鏈之間的界限，實現跨媒體、跨平台、跨終端運營的新媒體廣告產業鏈模式已經呼之欲出。RTB廣告的運行方式可以用一個簡圖來描述（如圖7-5）：

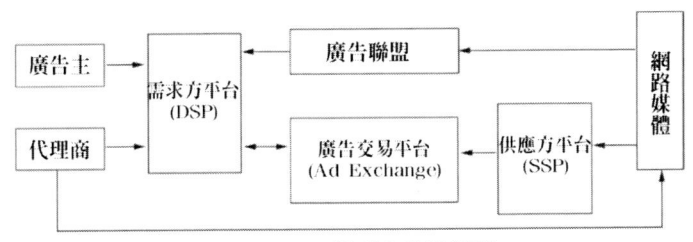

圖7-5 RTB模式產業鏈簡圖

第一，在RTB模式下，廣告主仍然是廣告活動的發起者與出資方，品牌廣告主與中小型廣告主平分秋色。但前者主要透過廣告代理商，代表其完成系統的廣告活動，後者則直接在DSP平台設置廣告目標和預算等指標，透過廣告交易平台實現廣告發布。

第二，廣告代理商（主要指綜合型廣告代理商）作為品牌廣告主的代理方，專業性服務範圍更多地集中於廣告調查、策劃、創意等廣告活動的前端環節，在RTB產業鏈下主要是幫助廣告主透過技術平台，進行高效的廣告投放。廣告主為其支付相應的勞務佣金或項目費用。

第三，廣告聯盟依然集合各類中小型媒體，並與各類需求方平台對接，幫助中小型媒體售賣媒體資源，獲取佣金或分成收入。

第四，需求方平台、供應方平台等技術服務的提供商，主要服務領域在於廣告活動的後端環節，即廣告發布與效果評估，主要依靠大數據及科學演

算法幫助廣告主實現廣告目標，同時幫助媒體實現資源變現，數據增值。其盈利模式有多種，一種是提供系統軟體，收取軟體服務費；還有一種是直接代理廣告業務，按效果回報分成。

第五，網路媒體透過多種方式進行資源售賣，以大型入口網站為例，其核心資源或優勢廣告位一般以直接定價的方式，透過廣告代理公司售賣給品牌廣告主；剩餘廣告位則售賣給廣告聯盟，或者直接接入供應方平台，參與競價。

（三）RTB 模式的優點

RTB 模式實質上只代表了網路廣告活動的其中一個環節，不能涵蓋網路廣告產業鏈的全部，但這種模式卻推動了整體網路廣告產業鏈的發展，使其逐漸走向專業化、細分化、高效化。具體說來，RTB 模式有如下優點：

1. 投放目標更為精準

在傳統廣告模式下，廣告投放的核心是媒體，廣告資訊跟著媒體內容走；而在 RTB 模式下，廣告投放的核心是人群，廣告資訊跟著目標人群走。網路行銷越來越大的趨勢，就是逐步轉化為以閱聽人和數據為核心，而不是以媒體為核心做傳播，對閱聽人行為的洞察是未來行銷的關鍵所在。RTB 模式正是將傳統的「廣告位售賣」模式轉變為「人群售賣」模式，使廣告投放更加精準，避免了廣告預算的浪費。

2. 投放方式更加靈活

在傳統的廣告購買模式中，廣告主需要提前較長時間與媒體進行溝通，廣告計劃一旦確定，更改較為麻煩；而透過 RTB 模式進行程式化購買，可以做到隨時購買，隨時投放，減少人力談判成本，在投放形式、投放時間、預算分配上都更加靈活，提高了效率。

3. 廣告涵蓋面更廣

RTB 模式採用程式化運作方式，透過平台間的無限制對接，有利於打通各類新媒體之間的界限，從而實現對更多目標人群的涵蓋。目前很多 DSP 已經打通了 PC、PAD、手機、電視等多螢幕之間的界限，一次廣告活動即可同時涵蓋多個新媒體終端。未來透過 RTB 模式還有望實現，包括可穿戴設備之內的多領域跨螢幕投放。

4. 有助於媒體整體廣告價值提升

由於 RTB 廣告並不是固定的廣告位購買，而是根據使用者的瀏覽行為來確定廣告投放。也就是說，只要有使用者點擊就可能有廣告，而且不同的使用者瀏覽同一頁面時看到的是不同廣告，這種將使用者的瀏覽行為與廣告主的廣告投放進行實時匹配的模式，同一廣告位可以根據閱聽人群體的不同賣給不同的廣告主，無疑有助於提高媒體的版面利用率。

5. 提升了長尾流量的售賣率

一方面，RTB 模式讓中小廣告主也可以低成本參與到廣告活動中來，拓寬了廣告銷售市場；另一方面，在供應方平台的幫助下，一些原來沒有廣告或很少有廣告的媒體版面，由於特定閱聽人的瀏覽而開始具有廣告價值；因此有助於提升長尾流量的售賣率。

（四）RTB 模式存在的問題

目前，RTB 產業鏈方興未艾，RTB 模式仍處於起步階段，還存在諸多問題：

1. 廣告位的數量和質量問題

由於 RTB 模式下的產業鏈各成員，還處於先搶先贏的狀態，市場尚未成熟，目前發布到供應方平台的媒體廣告位資源主要來源於三方面：一是自媒體流量；二是邊緣媒體；三是主流媒體的剩餘流量。而諸如入口網站等主流媒體，對於是否進入 RTB 體系下還處於觀望態度，目前僅有少量主流廣告位

出現在 DSP 上。從總體上看，RTB 模式下的媒體資源數量和質量都還有待提高。

2. 廣告創意問題

RTB 模式下，廣告是基於完全的數位化、自動化購買的，技術服務提供商關注的核心，是廣告與人群的精準匹配。但完全自動化的廣告投放模式，必然會以創意的缺失為代價。

雖然目前有一些創意優化公司已經開始起步，但效果甚微。打開一些網頁時，常常能看到透過某 DSP 投放的廣告，或是純文字廣告，或是毫無創意的產品圖片。

3. 使用者隱私問題

RTB 模式最大的特點是對「人」進行售賣。目前普遍的做法是對使用者進行跟蹤定位，透過跟蹤使用者訪問過的 Cookies 來蒐集使用者數據，分析出使用者的年齡、性別、愛好、需求等資訊，實時與廣告產品資訊相匹配。在這種情況下，必然會涉及使用者隱私問題，尤其是當使用者瀏覽一些較為私密的資訊時，並不願意被 DSP 平台捕捉到自己的瀏覽資訊，如何平衡廣告精準投放與使用者隱私之間的矛盾，也是未來值得考慮的問題。

第三節 手機廣告的市場運行模式

手機媒體具有雙重角色，這決定了手機廣告市場同樣具有雙重特徵。當手機作為行動網際網路終端存在時，手機廣告具有與網路廣告類似的產業鏈結構和運行模式；但另一方面，作為通訊工具的手機，又有其特殊的產業鏈結構，世界各國在這一領域的廣告經營模式也不盡相同。目前，手機廣告市場處於過渡期，新舊模式並行發展，行動網際網路廣告正在快車道一路高歌，代表未來的發展方向，廣告表現形式、交互手段、投放方式、計費模式等正經歷著創新與變革的洗禮；而過去以電信運營商為核心的「無線廣告」業務模式並沒有完全消失，而是朝著行動網際網路領域不斷融合。從這個層面來

看，手機廣告市場比網路廣告市場更為複雜，產業鏈角色更多樣，融合性更強。

一、手機廣告的產業鏈角色

在手機廣告市場中，產業鏈成員主要包括手機廣告的廣告主、手機廣告代理商、媒體運營商、電信運營商、手機設備生產商。相對於網路廣告而言，電信運營商與手機設備生產商是兩個較為特殊的成員，他們在主營自己核心業務的同時，以各種方式向廣告產業鏈滲透，試圖在手機廣告市場分到一杯羹。若從廣告市場構成要素上看，一定程度上，也可以認為電信運營商、手機設備生產商與媒體運營商，三者共同扮演著「媒體平台提供商」的角色，在不同層面提供廣告發布的平台（如圖7-6所示）。以下對各個產業鏈成員及其特點進行詳細介紹。

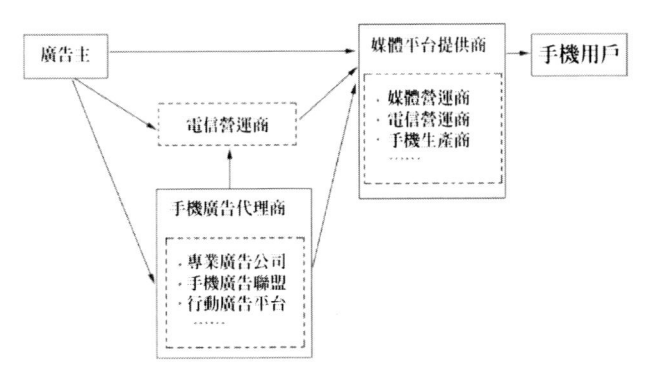

圖7-6　手機廣告市場運行簡圖

（一）手機廣告的廣告主

手機廣告的廣告主即廣告的出資者和投放者。在手機廣告產生早期，手機廣告的廣告主多為推銷保險、房地產，辦理證件、假發票的個人或小型企業；在獨立WAP出現以後，手機軟體、手機遊戲、電子書、3C產品等行業廣告主，開始投放手機廣告；隨著行動網際網路的發展，越來越多的企業認識到手機媒體的巨大影響，在每年的廣告預算中，行動廣告預算逐漸被提高

到了與傳統媒體、網路媒體同樣的地位。根據艾媒諮詢的數據，2013年中國行動廣告平台的廣告主以快速消費品為主，達到了28.5%，其次是汽車、日化和娛樂行業，此外，地產、金融、教育、服飾等行業也開始在手機媒體上投放廣告（如圖7-7所示）。

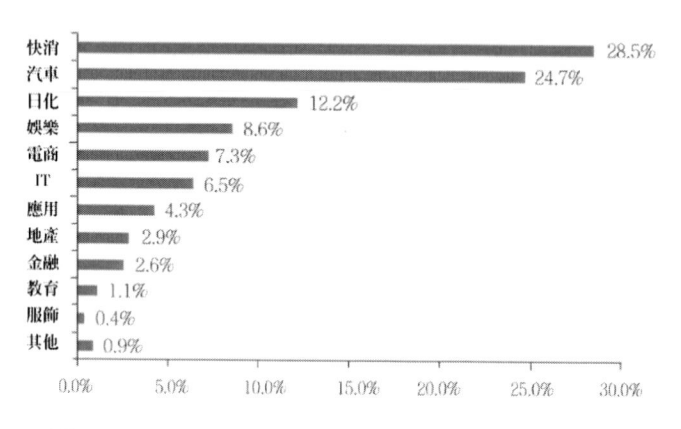

行業	比例
快消	28.5%
汽車	24.7%
日化	12.2%
娛樂	8.6%
電商	7.3%
IT	6.5%
應用	4.3%
地產	2.9%
金融	2.6%
教育	1.1%
服飾	0.4%
其他	0.9%

圖7-7　2013年中國行動廣告平台廣告主行業總體分布

（二）手機廣告代理商

手機廣告代理商伴隨著手機廣告的產生而產生。運營手機增值業務的服務提供商（Service Provider, SP）也常常直接扮演廣告代理商的角色，SP透過與行動網路相連的服務平台，為手機使用者提供諸如娛樂、遊戲、簡訊、多媒體、WAP、鈴聲下載、定位等資訊服務，其擁有內容加載權、定價權、計費權、廣告推廣權等，很多廣告透過SP得以執行，SP從中收取資訊服務費。

在獨立WAP風行後，出現了幫助廣告主在眾多WAP站點實現一站式廣告投放的WAP廣告聯盟，運行方式類似於網路廣告聯盟。隨著3G業務的發展和智慧型手機的普及，一方面原有的WAP廣告聯盟開始轉型，媒體代理重心從WAP網站逐漸轉向APP領域；同時新型行動廣告公司不斷湧現，他們透過搭建行動應用廣告平台，為數以萬計的APP、WAP站點提供與廣告主接觸的機會。

(三) 媒體運營商

媒體運營商也可以說是內容提供商、應用服務提供商，主要依託 WAP 網站、APP 等內容或服務資源來聚集使用者注意力，然後向廣告主出售注意力資源，收取廣告費用。隨著智慧型手機的迅速普及，手機領域的媒體運營商迅速發展壯大，從來源上看，手機廣告的媒體運營商主要有兩類：

第一類是網路媒體平台經營者，他們或直接將網路媒體中的部分，或全部內容向手機媒體移植。目前，幾乎所有的網路媒體都開發了手機 APP 入口，或專門開發基於手機特點的 APP，如騰訊公司為手機媒體量身訂製的微信平台。

第二類是獨立的手機 APP 開發者，以蘋果 APP 商店中的 APP 數量來看，2008 年上線時僅 500 個，發展到現在已有 120 多萬個，其中憤怒鳥、割繩子等 APP 小遊戲曾經風靡世界，強大的注意力資源使他們成為廣告主趨之若鶩的媒體平台。

(四) 電信運營商

電信運營商是手機廣告市場中的一個特殊成員，對於這一成員，可從兩方面來認識：

一方面，作為手機通訊和行動增值服務的渠道提供商，在獨立 WAP 產生以前，他們壟斷使用者數據和廣告渠道，可以說是手機廣告產業鏈的核心及規則制定者，任何廣告服務都要基於他們的許可展開。隨著行動網際網路的迅速發展，雖然其在手機廣告領域的掌控力已被大大削弱，但作為渠道提供商，目前仍然是手機廣告的直接受益者，任何一條資訊類廣告，運營商都可以收取資訊費；而網頁展示類廣告或影片廣告，只要使用者瀏覽了相應的頁面或影片，運營商即可收取流量費。

另一方面，電信運營商又憑藉其龐大的使用者資源和對行動網路入口的控制，從未放棄充當「媒體運營商」的角色。

（五）手機生產商

數量巨大的手機使用量和市場集中度，使手機螢幕具備了充當廣告媒體的價值。手機生產商與一般意義上的媒體運營商不同之處在於，媒體運營商提供的是軟性的內容平台，而手機生產商提供的是硬性的手機硬體平台。未來智慧型手機將是擁抱這批使用者最重要的渠道。從全球來看，從2006年至今，全球智慧型手機的出貨量一直處於不斷攀升的狀態，如圖7-8所示：

2006-2013年全球智慧型手機市場初化量規模

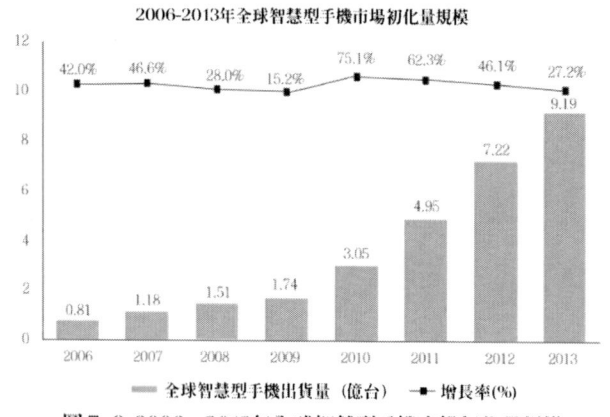

年份	全球智慧型手機出貨量（億台）	增長率(%)
2006	0.81	42.0%
2007	1.18	46.6%
2008	1.51	28.0%
2009	1.74	15.2%
2010	3.05	75.1%
2011	4.95	62.3%
2012	7.22	46.1%
2013	9.19	27.2%

圖7-8 2006－2013年全球智慧型手機市場初化量規模

二、手機廣告市場的現狀及制約因素

（一）手機廣告市場的現狀

目前，手機廣告市場的發展現狀表現為如下幾個方面：

（1）以電信運營商為主導的產業鏈已經裂變成多種模式主導的多元化產業鏈，基於通訊管道的手機廣告，逐漸被基於行動網際網路的廣告取代，廣告產業鏈中的「去營運商化」將是未來發展的必然趨勢。

（2）智慧型手機使用者不斷增多，催生了行動網友的持續增長。透過手機上網的網友數量已經超過了電腦網友數量，網友的注意力決定了廣告流向，行動網際網路廣告被一致認為，是未來新媒體廣告新的增長點。

（3）手機廣告的傳播平台多元化發展，網際網路巨頭紛紛布局手機媒體，APP 應用和微信公眾號催生了大量自媒體的產生，手機廣告傳播媒體更為碎片化。正如尼葛洛·龐帝在《數位化生存》一書中提到的，隨著後資訊時代的到來，「大眾傳播的閱聽人往往只是單獨一人……資訊變得極端個人化」，「我們正經歷從『大眾媒體』到『亂眾媒體』的轉化」。

（4）廣告主對手機廣告的認可度提高，尤其是品牌廣告主的入駐，廣告預算向行動媒體轉移，為手機廣告的發展注入了動力。

（5）行動廣告平台日漸成熟，在廣告主和開發者之間構建起健康有序的利益鏈，透過對手機廣告模式的積極探索，促進了手機廣告市場的健康發展。

（6）程式化購買模式在行動廣告領域開始推廣應用，有望推動手機廣告市場朝更加智慧、高效的方向邁進。

（二）手機廣告發展的制約因素

從全球來看，手機廣告均處於發展的快車道，但支持其飛騰的生態系統並沒有完全成熟，行動廣告的推送式傳播和內容上的雜亂無章，仍普遍存在，導致使用者經驗較差，大量行動應用程式流量無法進行有效變現。具體來說以下幾個矛盾是制約手機廣告發展的重要因素：

1. 手機廣告效果與使用者經驗之間的矛盾

由於手機螢幕小，廣告表現空間有限，加上手機媒體的個人屬性較強，手機廣告曾一度是騷擾廣告、垃圾廣告的代名詞。隨著行動網際網路廣告的發展，雖然廣告表現形式有所創新，但目前仍以傳統的展示類廣告為主。廣告數量上的增多和尺寸上的加大，都容易影響到使用者經驗，從而導致使用者反感或抵制。

2. 使用者瀏覽廣告的積極性與高昂的流量費用之間的矛盾

目前，由於免費網路尚未普及，手機上網需要支付較為高昂的網路流量費，廣告商不斷創新廣告形式，發展包括圖片、聲音、影片等多樣化表現形

式，希望鼓勵使用者瀏覽廣告，但瀏覽廣告需要額外支出網路流量費，這又直接打擊了使用者瀏覽廣告的積極性。

3. 廣告的碎片化投放與效果監測體系缺失之間的矛盾

手機媒體相對於其他媒體形式來說，具有更大的不確定性。有調查顯示，雖然手機使用者每天平均使用手機 150 次，但是在每個應用程式的停留往往不過幾秒，人們在使用手機的同時，往往同時開著地圖、通訊錄、遊戲、社交應用程式等，這讓廣告商很難判斷使用者的喜好。這與網站大不相同，因為網站頁面更易於判斷使用者的停留時間。目前，還沒有專門針對手機廣告進行效果監測和數據統計的第三方公司，公平公正監測系統的缺失也將直接影響品牌廣告主的投放熱情。

4. 廣告的定向投放與使用者隱私之間的矛盾

手機媒體比任何媒體更具有隱私性，但同時手機所能傳遞的個人資訊卻比任何媒體都更為精確，包括通訊習慣、話費消費、所處的位置、習慣瀏覽的應用、購物資訊等，廣告商不僅需要獲得這些數據，進行精準化投放，同時還需要小心翼翼以避免侵犯使用者隱私。

【知識回顧】

新媒體廣告市場的產業鏈主要包含廣告主、廣告代理商、技術服務提供商、媒體平台、產業鏈下游服務機構這幾個關鍵角色，相對於傳統廣告產業鏈而言，技術服務提供商角色的出現、產業鏈各環節新成員的湧現、「媒體」向「平台」轉化、「閱聽人」向「使用者」轉變，是新媒體廣告產業鏈中的突出特點。

在網路廣告市場中，有三種較為典型的運行模式：一是以品牌廣告主為核心，由廣告代理商為其提供代理的「策略導向型」廣告模式；二是以中小型廣告主為核心，依託廣告聯盟運行的「媒體導向型」廣告模式；三是以開放技術平台為核心，以「閱聽人購買」為導向的程式化投放模式。在每一種模式下都有相應的產業鏈生態系統及獨具特色的運行方式。

第三節 手機廣告的市場運行模式

對於以手機為終端的廣告市場而言，產業鏈角色下的成員構成不同於網路廣告市場。其中，電信運營商和手機生產商在手機廣告市場中發揮著重要作用。手機媒體廣告市場的運行模式主要有三種：一是基於電信運營商「通訊服務」的廣告模式；二是基於手機終端廠商「硬體載體」的廣告模式；三是基於行動網際網路的廣告模式。目前，手機媒體廣告市場中，以電信運營商為主導的產業鏈，已經裂變成多種模式主導的多元化產業鏈，行動網際網路廣告將是未來的發展趨勢。但是，手機媒體的廣告效果與使用者經驗之間的矛盾、使用者瀏覽廣告的積極性與高昂的流量費之間的矛盾、廣告碎片化投放與效果監測體系缺失之間的矛盾、廣告定向投放與使用者隱私之間的矛盾等，是制約該市場發展的主要因素。

【思考題】

1. 廣告聯盟與傳統的媒體購買公司有什麼區別？
2. 廣告聯盟的發展方向在哪裡？
3. RTB 模式對新媒體廣告的發展具有哪些意義？
4. 在未來的手機廣告市場上，電信運營商的角色會發生哪些變化？
5. 結合自己的理解分析手機廣告的前景。

新媒體廣告
後記

後記

　　隨著數位化革命浪潮席捲而來，各行各業都處於前所未有的變革進程中。廣告業作為對市場反應最為敏感的行業之一，更是經歷著陣痛與成長、融合與交替，新生與試錯。新媒體廣告正是其中的一股新生力量，其一邊用力撕扯著傳統廣告行業的衣襟，一邊大踏步向前，不斷打破既有規則，創位數位時代新邏輯，譜寫另一個篇章。

　　在這一背景下，主編向我提及編撰一本有關「新媒體廣告」的書時，我既興奮又緊張。興奮的是，在新媒體廣告正如燎原之火蓬勃發展之際，對其特點及發展規律進行研究，具有十分重要的意義；緊張的是，將「新媒體廣告」作為一個整體來研究，前人可借鑑的成果不多，加之新媒體廣告市場發展日新月異，尤其近幾年正處於巨大的震盪發展期，新舊交替、媒體融合、技術升級、產業鏈變遷、企業轉型、政策管控等無時無刻不在發生變化，如何能抓住「變」與「不變」的脈絡，使書的生命力更長久，都是極大的挑戰。為了克服這一問題，本書在編寫過程中主要遵循兩個基本原則。

　　第一，採用更寬泛的角度。既不拘泥於傳統，也不盲目創新體例；既看到新媒體廣告本身作為新生事物的獨特性，同時還將其置於整個廣告市場的大背景中，不割裂其與傳統廣告市場間千絲萬縷的聯繫。

　　第二，在內容上，堅持宏觀與微觀相結合，既致力於尋找新事物的內在規律性，又力爭呈現較為豐富的案例、事實、數據資料，給讀者帶來更深刻的感性認識。

　　本書的主要內容框架即是基於以上原則所構建。全書共包含七章內容，前四章側重於廣告本體，包括對新媒體廣告本身的特點、承載平台、表現形態、策劃、創意、評估等內容的微觀性研究；後三章則是站在一個更為宏觀的視角，側重介紹廣告市場，包括新媒體環境下的幾個關鍵性構成要素（廣告主、廣告公司、媒體組織、廣告閱聽人）的特點、變化、發展趨勢等問題，以及新媒體廣告市場運行模式、新媒體廣告監管等內容。

新媒體廣告
後記

　　從接到編寫工作至今已經歷了 500 多個日日夜夜，所有內容也在反反覆覆地否定與再否定、修改與再修改中逐步成形。在今日書稿即將付梓之際，要向所有為書稿做出了直接或間接貢獻的人表示由衷的謝意。感謝編寫組成員：賴涵女士、張靜女士、曹玉月老師分別編寫了第三章、第六章內容；第四章得到了曹玉月老師和馬二偉老師的大力幫助，他們均參與了這章的編寫和資料蒐集工作。這本書是集體智慧的結晶，沒有編寫組成員的共同努力與辛勤付出，不可能在這麼短的時間內完成全部內容。感謝我的恩師，周茂君教授，是他無條件的信任和鼓勵給了我完成這本書稿的勇氣，在每一次寫作遇到瓶頸之時，周老師總是提出具有建設性的指導意見，讓我醍醐灌頂，老師對後學者的教誨與提攜，將永遠銘記於心。

　　此外，感謝張國強先生，胡全超先生，彭清先生，陳定遠老師，他們都為本書提出了寶貴的意見和建議。還要感謝我的家人，沒有他們的支持，我將寸步難行。

　　本書在編寫過程中參閱了大量教材、著作、文章以及調查報告，在此一併向相關作者和研究機構表示感謝。

　　由於新媒體廣告仍屬於發展發展中的新事物，對於其認識還處於探索與再界定階段，加之個人知識水準和能力所限，書中必然存在諸多問題或爭議，期待讀者諒解指謬。

　　張玲

第三節 手機廣告的市場運行模式

國家圖書館出版品預行編目（CIP）資料

新媒體廣告 / 張玲 編著 . -- 第一版 .
-- 臺北市：崧博出版：崧燁文化發行 , 2019.09
　　　面；　 公分
POD 版

ISBN 978-957-735-866-0(平裝)

1. 電子媒體廣告

497.4　　　　　　　　　　　　　　　　　108006767

書　　名：新媒體廣告
作　　者：張玲 編著
發 行 人：黃振庭
出 版 者：崧博出版事業有限公司
發 行 者：崧燁文化事業有限公司
E - m a i l：sonbookservice@gmail.com
粉 絲 頁：　　　　　網　址：
地　　址：台北市中正區重慶南路一段六十一號八樓 815 室
8F.-815, No.61, Sec. 1, Chongqing S. Rd., Zhongzheng
Dist., Taipei City 100, Taiwan (R.O.C.)
電　　話：(02)2370-3310 傳　真：(02) 2370-3210
總 經 銷：紅螞蟻圖書有限公司
地　　址：台北市內湖區舊宗路二段 121 巷 19 號
電　　話:02-2795-3656 傳真:02-2795-4100　　網址：

印　　刷：京峯彩色印刷有限公司（京峰數位）

　　本書版權為西南師範大學出版社所有授權崧博出版事業股份有限公司獨家發行
　　電子書及繁體書繁體字版。若有其他相關權利及授權需求請與本公司聯繫。

定　　價：450 元
發行日期：2019 年 03 月第一版
◎ 本書以 POD 印製發行